本书由大连市人民政府资助出版

—建筑拾翠—

和式洋风

大连凤鸣街历史街区风貌解读与空间解析

于辉 王洲 著

U0198583

中国建筑工业出版社

图书在版编目（CIP）数据

和式洋风：大连凤鸣街历史街区风貌解读与空间解析 /
于辉，王洲著. — 北京：中国建筑工业出版社，2018.9
（建筑拾翠）
ISBN 978–7–112–22729–7

Ⅰ. ①和⋯　Ⅱ. ①于⋯②王⋯　Ⅲ. ①居住建筑 — 研
究 — 大连 — 20世纪　Ⅳ. ① TU241

中国版本图书馆CIP数据核字（2018）第218715号

责任编辑：滕云飞
责任校对：芦欣甜

建筑拾翠

和式洋风　大连凤鸣街历史街区风貌解读与空间解析

于辉　王洲　著
　　*
中国建筑工业出版社出版、发行（北京海淀三里河路9号）
各地新华书店、建筑书店经销
北京点击世代文化传媒有限公司制版
北京中科印刷有限公司印刷
　　*
开本：787×1092毫米　1/16　印张：9　字数：132千字
2018年9月第一版　2018年9月第一次印刷
定价：38.00元
ISBN 978-7-112-22729-7
　　（32832）

版权所有　翻印必究
如有印装质量问题，可寄本社退换
（邮政编码 100037）

历史街区是城市文化产生与传播的重要场所，能够集中体现城市的历史传统与地方的文化特色。它对于城市来说就像是一部活的纪录片，不仅可以作为历史的见证，而且体现了城市传统文化的价值。

1985 年中国首次提出历史街区的概念，近年来人们也越来越认识到历史街区的价值和文化内涵，但还是有许多城市的历史街区在城市建设的冲击下处于消失的边缘。当我们的城市走向现代化的同时，那些在城市里承载着传统文化和历史文脉，体现着城市魅力的老街区也被扔掉了。

大连是中国东北地区的重要城市之一，是中国近代史许多重要事件的发生地，同时也见证了近代中国的城市风貌特色的演绎。大连是中国近代城市规划与发展的典范，有着"东方巴黎"的美誉。城市中心区广场 + 放射型道路的巴洛克城市布局、成片的方格网历史街区构成了这个城市欧风十足的独特魅力。每个城市都有自己的性格和独特的人文印记，城市广场表达着古典主义形式的壮丽之美，历史街区却于细微处烙刻着生活的气息。大连南山、东关街、凤鸣街等街区，代表着近代居住型历史街区的不同类型，各有特色。任何一个的缺位或消失，都将是城市历史文化的重大损失。我在去年（2017 年）就通过和大连的同道们一齐呼吁把已列为拆迁对象的东关街保护了下来。

凤鸣街街区历经百年风雨，以其优雅连续的洋风街道风貌已成为街区的象征，这是城市中最吸引人，最具生活气息的文化节点。十年来，凤鸣街历史街区在去与留的关键点上几度徘徊，虽已满目苍夷，但依然在热爱她的人们支持下，保留了重生的希望。

于辉副教授从 2008 年开始对凤鸣街街区建筑进行测绘与研究，长达十年的执着工作，是值得肯定和令人敬佩的，城市的历史文化需要这样的守卫者。基础工作详尽细致，一幢幢的建筑以专业研究的形式向人们展示凤鸣街街区的秀美，为这个城市留下了的宝贵的历史文化遗产资料，也为历史街区的重获新生带来了可能；风貌解读清晰透彻，既有对街区成因的追根溯源，又有对风格样式的比勘互证，"和式洋风"不再是笼统的概念；对历史街区的结构解析，是具有创造性的研究工作，在风貌样式研究的基础上，剖析了街区空间的结构关系，为保护与继承提供了珍贵的资料。

这本书不仅是过去十年关于历史街区研究工作的总结，更是一部非常扎实、有学术价值的研究著作。

城市历史街区的保护与更新任重而道远，要有政府支持、深入的专业研究和更广泛的市民参与，我衷心地希望大连的凤鸣街、东关街以及所有具有历史价值的历史街区和历史建筑都能得到切实的保护。习主席说的要"留住乡愁"，希望能将之付诸于行动。

2018-07-23 写于同济

　　本书的内容可以说是作者十年来对以凤鸣街为代表的大连近代历史街区研究的阶段性工作总结。2008 年下半年，凤鸣街街区作为大连近代最有特色的历史街区之一，已露出拆迁征兆。研究就开始于对凤鸣街街区及建筑进行抢救性测绘的实际工作。凤鸣街在2009 年就开始了拆迁，所以这是一场与时间赛跑的工作，充满了困难与挑战。这期间，日本京都府立大学的建筑史学家大場修教授与他的科研团队在大连进行 20 世纪初海外日本人居住状况的调查工作。我们在凤鸣街不期而遇，并受邀成为他的日本文部省基金项目的海外共同研究者之一。另一位海外共同研究者是东北大学的罗玲玲教授。随着工作的展开，凤鸣街历史街区十年以来的坎坷历程也促使这项工作已不仅是忠实记录那个时代街区与建筑特征的基础性工作，还是不断深入从形态研究角度分析凤鸣街所在区域的街道设计和风貌特征、街区建筑的风格特征和历史渊源；并且从整体研究的角度研究街区空间的结构特征与组织关系。希望能够在历史街区老旧、衰败，甚至不断消失的状况下，探索一条基于街区内在组织规律的空间结构保护与更新的道路。

　　这本书是继《大连凤鸣街历史街区风貌测绘与基础研究》之后，从空间形态与结构两个方面对大连凤鸣街历史街区进行的专题性分析与探讨。本书主要分为两大部分：

　　第一部分是对凤鸣街历史街区的街区设计、街道风貌、建筑样式和建筑细部进行解读，溯源历史、探究风貌；这一部分的研究立足于前期丰富、细致的基础资料和素材之上，包括街区现场调查、风貌测绘的资料，城市图书馆、档案馆的访读，日本近代史研究专家同行的合作研究等。

第二部分是对凤鸣街街区结构进行解析，揭示其空间组织的内在规律；这一部分是运用结构主义分析方法，基于结构的"群"、"序"、"拓扑"三种数学原型，对城市历史街区从空间结构层面进行解析的探索，也是日后历史街区结构性保护与更新理论提出与方法总结的基础工作。

内在组织规律是事物传承与发展的决定因素，所以本书并不是对某一条历史街区研究的结束，而是对近代历史街区结构性保护与更新研究的开始。凤鸣街的状况令人担忧，也正处于历史的十字路口，是彻底成为历史还是更新后获得新生？相信本书的出版，能够让更多的人了解凤鸣街、关注城市近代历史街区；也希望以此为契机，和社会各方面积极力量一起推动城市历史文化建设和发展。

本书由大连市人民政府资助出版。

目 录|

第一章 绪 论|

1.1 源流——百年凤鸣街

大连位于黄渤海之滨，背依中国东北腹地，地处辽东半岛南端，南与山东半岛隔海相望，与韩国、日本、朝鲜和俄罗斯远东地区相邻。大连同时也是京津的门户，以及华北、东北、华东和世界各地的海上门户。

1840 年鸦片战争爆发，之后中国开始沦为半殖民地半封建社会。大连是中国近代史上最为典型的殖民城市之一。1894 年中日甲午战争爆发，以清政府的战败而告终。次年 4 月 17 日，清政府被迫与日本政府签署了《马关条约》，将辽东半岛割让于日本。然而 6 日后，俄国、法国、德国帝国主义以提出"友善劝告"为由，采取"三国干涉还辽"，又迫使日本将辽东半岛归还给了清政府。1896 年，俄国借所谓的迫使日本还辽有功为理由，与清政府秘密签署了《中俄密约》。1898 年，清政府与俄国签署的《旅大租地续约》，正式标志着大连从此进入沙皇俄国统治时期。1899 年 8 月，俄国沙皇尼古拉二世敕命大连现青泥洼一带为"达里尼"（俄语"遥远"之意），9 月 28 日，开始启动筑港建城工程，将达里尼设为"特别市"，由俄国财政部直属管辖。

1905 年日俄战争结束，俄国战败，日本取代俄国占领了大连地区。直至 1945 年抗日战争胜利，日本帝国主义对大连地区长达 40 年之久的殖民统治至此结束。[1]

帝国主义的侵略和占领无疑给中国带来了惨痛而沉重的灾难，

[1] 大连史志办公室.大连史志、房地产志.大连：大连出版社，1997.

[1]　参见大连通史编纂委员
会.大连通史近代卷.北京:人
民出版社,2010.

同时也将先进的城市建设思想和经验技术引入中国。在城市建设上，给原本闭关锁国的中国封建社会带来了活力。大连近代城市建设发展历程可归为两个时期：沙俄租借时期和日本占领时期。[1]

（1）沙俄租借时期

1899 年 8 月，为了实现对我国辽东半岛的长期统治，沙皇尼古拉二世下令建设"达里尼"市，任命有过丰富筑港经验的弗拉基米尔·萨哈罗夫为总工程师，负责达里尼的城市建设与规划。之后萨哈罗夫也成为达里尼市的第一任市长。

大连的海港是内湾形，自然条件优越，是我国北方为数不多的天然不冻港。此后，沙俄开始在东、西青泥洼一带征用土地，其中还包括附近的西港子和黑咀子等荒僻小村庄。达里尼市最初的市政和港口建设总体规划项目也由此展开。

萨哈罗夫的城市总体规划是大连城市建设史上第一个真正意义上的城市规划。随后，大连的近代城市雏形也渐渐形成，并延续至今（图 1-1）。

图 1-1　沙俄的初步城市建设（来源：大连老地图）

沙俄租借时期的总体规划以原青泥洼村（现大连市火车站周边）为中心，东起寺儿沟（用于修建码头），西至西岗子，南起南山山麓，北至香炉礁，用于城市建设的土地总计约 5.4 万余亩。初期的城市规划大体上分为三个功能区：①行政管理区，位于胜利桥以北的露西亚街（现为民乐街道全部）。②商业区和欧罗巴市街（现在的中山路东段以及原斯大林路）。欧罗巴市街里又进一步分为普通居民区、商业区以及高级住宅区。商业区位于尼古拉广场（现中山广场）与友好广场之间，斯大林路和中山路东段以北（现天津街一带）。普通居民区位于商业区南部，大约为现在的永胜街和朝阳街一片区域。高级住宅区则位于普通居民区以东的南山一带。③中国市街，位于今大连中心裕景和劳动公园以西，西岗区东部的北岗桥一带。

城市道路以尼古拉广场（现中山广场）为中心，10 条大街呈放射状布局。尼古拉广场直径约 213m，周围设有银行、机关、旅馆、教堂等重要城市公共建筑。这种城市道路规划布局与法国巴黎的放射形城市广场有着异曲同工之处，与中国古代传统的棋盘式方格网道路截然不同。这也是当时西方世界较为推崇的城市规划布局模式之一。尼古拉广场的建成也标志着欧洲先进的城市建设思想与中国古老大地的巧妙结合，并对大连的城市建设发展起到了很大程度上的推进作用。

如今，中山广场依然保留着原本的放射形布局，同时也成为了大连这座城市重要的标志性名片。除此之外，还包括十几个形式、大小各异的广场，之间通过道路紧密连接起来，大连初期的城市结构布局基本形成（图 1-2）。[1]

1902 年，大连的第一座海港码头建成，即大连商港，水深 5m 左右，设计规模可供 100 艘千吨级的轮船同时停靠。商港是大连近代城市建设的开端，也成为大连以港立市重要的标志。与此同时，铁路的建设也收获颇丰，已由哈尔滨延伸至大连。

1904 年，大连市内行政区基本建成。部分道路修建工程基本完成，北公园（今北海公园）也相继建成。除此之外，一些城市重要建筑，

[1] 杨秉德.中国近代中西建筑文化交融史.武汉：湖北教育出版社，2003.

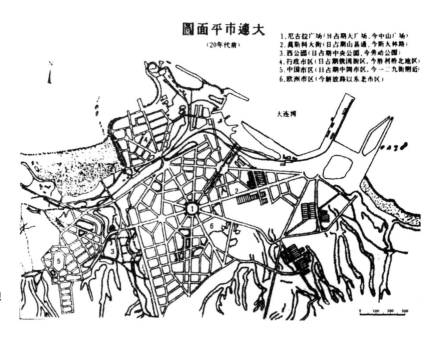

圖面平市連大
(20年代前)

1. 尼古拉广场（日占期大广场，今中山广场）
2. 莫斯科大街（日占期山县通，今斯大林路）
3. 西公园（日占期中央公园，今劳动公园）
4. 行政市区（日占期俄国街区，今胜利桥北地区）
5. 中国市区（日占期中国市区，今一二九街附近）
6. 欧洲市区（今解放路以东老市区）

大连闸

图 1-2　1899 年大连城市规划示意图

如普通居住区、文化设施、机关大楼、商业配套的建设也基本完成。今青泥洼桥、中山广场一带成为城市的中心。1905 年日俄战争爆发时，大连的人口规模已经达到 4 万人左右。

在沙俄租借大连的 7 年时间里，大连由一个中国式传统的小渔村迅速发展成为了一个中西多种文化相交融的港口城市，建筑风格也多种多样。为今后的城市建设规划定下了基调，并产生了深远的影响。这个时期的一些区域的发展已经接近成熟，并形成一定规模，如胜利桥、中山广场、青泥洼桥、东关街等。[1]

（2）日本占领时期

1905 年日本占领大连地区。1907 年，日本建筑师在沙俄时期的规划基础上进一步地调整（图 1-3），主要是将部分原本的曲线形城市道路更改为直线形，同时进一步建设大广场（今中山广场），对东部大连的土木三大工事也进行了扩大和改进。在居住区方面，将居住在大连东部南山山麓一带（沙俄租借时期的高级住宅规划用地）的中国居民迁至相对荒僻的西部小岗子一带，形成中国人居住街区。

[1]　杨秉德.中国近代中西建筑文化交融史.武汉：湖北教育出版社，2003.

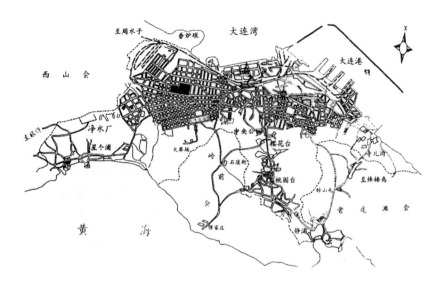

图 1-3　1929 年大连城市规划示意图

1919 年，城市人口的迅速增长使得日本关东厅制定了大连由东向西扩张的建设规划。采用了方格网以及与放射形广场相结合的多向城市道路系统，将商业区、住宅区、工业区、其他功能区连接起来。设长者町（今人民广场）为大连西部的城市中心（图 1-4）。

20 世纪 30 年代初，大连人口已超过 30 万，并依然保持迅速的增长速度。1940 年，人口总计达到 65.6 万，大连也成为当时日本控制下的伪"满洲国"的四大城市之一。日本占领后期，成立了大连市规划委员会，其中包括政、军、工商、"满铁"等各界人士，并从居住、交通、商业、行政等各个方面对大连进行了进一步的规划。

1934 年，日本当局确定了以常盘桥（今青泥洼桥）为中心，半径 16km，面积 420km^2 的都市计划区域范围，将城市最大饱和人口定为 120 万左右。并对大连市内一些已建成市街进行翻新改造。另一方面，开始对工业地区进行开发，主要是指香炉礁至甘井子一带的临海工业区。1941 年，太平洋战争爆发，大连的城市建设因此受到严重影响，基本处于停滞状态。截止到 1945 年抗日战争结束，大连的人口总计约 70 万，市内建成区域面积近 45.7km^2。[1]

[1] 张复合.中国近代建筑研究与保护.北京:清华大学出版社,2004.

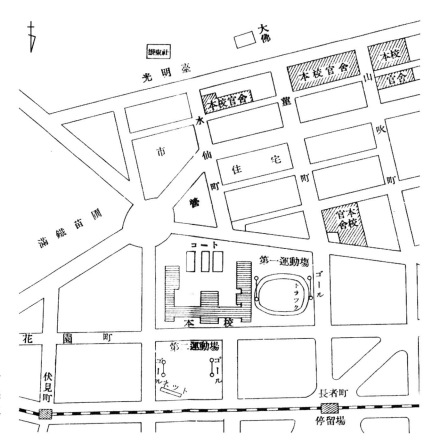

图 1-4 长者町（今人民广场）南部区域规划。图片来自大连市图书馆《大连第二中学校》，1930 年出版。

（3）百年凤鸣街

19 世纪 60 年代到 80 年代，受到了西方资本主义文明的巨大冲击，以日本维新志士为核心成立的新政府进行了一场具有资本主义性质的西化改革和民族统一主义运动，即明治维新运动。明治维新时期，日本掀起了一波工业化浪潮，开始学习西方先进工业技术，并主张"文明开化"。这次由上至下的改革使得日本从此成为了世界强国，然而，也促使日本走上了对外殖民侵略的军国主义道路。

大连凤鸣街历史街区始建于 1920 年前后，处于日本占领中期，大连的城市建设开始由东向西发展。为了满足进一步殖民扩张需要，在今高尔基路一带（新华街、凤鸣街）建设了一片供日本普通侨民居住的社区。街区内街道以花草之名冠以町命名，如：桔梗町、菖蒲町、白菊町、千草町等（图1-5），街道风貌整体呈现欧美历史主义建筑风格，被称之为"和式洋风"建筑（图1-6、图1-7）。

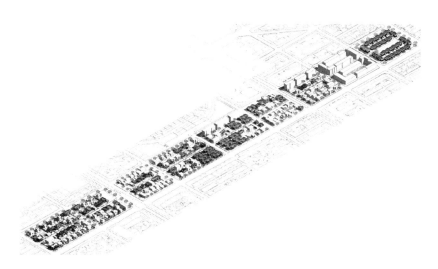

图1-5　大连凤鸣街历史街区鸟瞰图

图1-6　凤鸣街143号（左）
图1-7　新华街16号（右）

如今，凤鸣街历史街区位于大连市内四区中心位置，通常是指以凤鸣街为轴线，自西向东呈带形走向的近代日本殖民时期建造的住宅社区。北到新华街、南至高尔基路；由西向东分别是拥警街和纪念街，街区占地面积约12万 m² （图1-8、图1-9）。

1945 年的大连，城市建设的由东向西发展已经基本完成，人民广场成为城市西部中心。这也再一次给凤鸣街街区注入了新的活力与生机。医院、学校、政府机关、文化宫等重要建筑设施分布周边，再加上街区自身独特的品质，吸引了很多名人雅士、政府官员、知

图 1-8 大连市内四区及凤
鸣街区位图

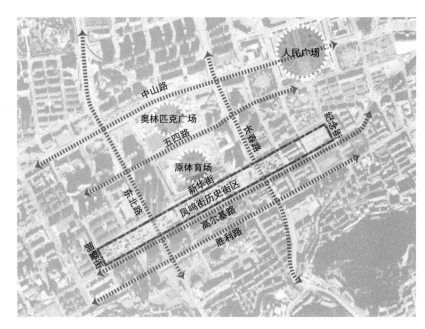

图 1-9 凤鸣街历史街区区
位关系图

识分子的入住，给街区带来一些特殊的气质。

在拥警街和高尔基路交叉路口处，也就是整个街区的西南角，有一栋联排式二层住宅。郭沫若的日本妻子郭安娜和中国奥运第一人刘长春就曾经居住在这里。郭安娜和长子郭和夫在这里生活了40年（图2-27）。

风雨蹉跎，凤鸣街走过了近百年。日本战败后，侨居大连的日本国民也随即返回，凤鸣街一带空置的房屋被分给普通市民，以解决战争破坏带来的居所短缺问题。原来的一栋住宅由一家人使用变成了多家人共用，居住单元被分割、改建、加建，凤鸣街建筑经历了第一次巨变；改革开放以后，人们不断改善居住条件。凤鸣街老房子由于基础设施落后、人均居住面积过低、年久失修舒适性差，越来越多的老住户搬离了凤鸣街，取而代之的是进城务工人员、废品收购人员和小商贩等。房屋质量急剧下降、居住环境进一步恶化。进入新世纪，凤鸣街街区的状况就如同步履蹒跚的老人，已不能适应城市发展和居住需求。

2010年初，为了满足城市在新时期的建设需要，大连市国土资源和房屋局发布了通告，开始对西岗区部分街区、地块进行拆迁改造。凤鸣街历史街区就在这次的拆迁计划之中。从此，关于凤鸣街历史街区去留成为这个城市的议题。到本书出版之日，凤鸣街历史街区的拆迁工作几乎处于停滞的状态，个中原因很多。虽然街区风貌和整体性遭到严重破坏，但即使如星星之火也值得期待，凤鸣街似乎走到了历史的十字路口。

1.2　城市建设中的结构主义

（1）历史街区的结构概念

历史街区是一个城市当时政治、文化、社会、经济状况的集中体现，同时也见证了一个城市一步步的发展历程，更是一个城市宝贵的建筑和文化遗产。对于历史街区的研究一直以来都是建筑以及城市规划研究领域中重要的组成部分。

1987 年在华盛顿，国际古迹遗址理事会通过了《保护历史城镇与城区宪章》。宪章中对历史街区做出了如下的定义："不论大小，包括城市、镇、历史中心区和居住区，也包括其自然和人造的环境……它们不仅可以作为历史的见证，而且体现了城镇传统文化的价值。"此外，还对历史街区相关的保护内容作出了详细的阐述：街区的空间格局与形式；绿化、广场、建筑之间的组织关系；历史建筑风貌，主要包括形式、风格、尺度、装饰、材料等方面；街区自身与周边环境的关系，包括人工和自然环境两方面；街区在城市中的历史地位和价值。

凤鸣街历史街区的总体规划和建筑设计是采用当时西方先进的设计理念，空间结构和形态也与大连以及国内其他近代历史街区有较大的区别，具有显著的时代和地域特色。整个街区空间结构紧密、建筑整体风格统一而局部又变化丰富，形成了中西相结合的街区风貌与空间布局（图 1-10）。对凤鸣街历史街区的研究不仅是从历史和记忆的视角全面而深刻的了解和感受，也是放眼未来，在历史街区保护和更新的道路上进行新方向的探索。

图 1-10　凤鸣街历史街区局部鸟瞰

以往对于历史街区的研究主要集中在建筑的风格特点与风貌特色的描述，而从本质的空间组织规律和秩序原则方面进行的研究不足。从而造成了一系列基于历史街区保护与更新之间的冲突与矛盾，使得历史街区保护与更新脱节，趋于僵化、片段与单薄（图 1-11）。
历史街区作为城市空间中相对稳定而独立的空间系统，在城市长期
发展过程中，仍能够保持原有统一的空间结构、亲切的空间氛围、
宜人的空间尺度。其空间内在，必然蕴含着某种自身特有的组织规
律和原则秩序。

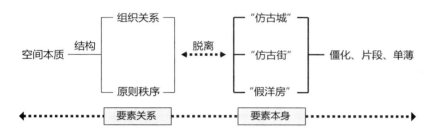

图 1-11 街区空间结构研究的意义

　　结构就是物质系统中部分与部分、部分与整体之间的组织关系。
是"物质系统内各构成要素之间的相互联系、相互作用的方式。是
物质系统组织化、有序化的重要的标志。结构既是物质系统存在的
方式，又是物质系统的基本属性，是系统具有整体性、层次性和功
能性的基础和前提。"[1] 而空间结构则可以理解为：空间系统中各构
成要素之间的组织关系。因此，从本质上了解一个街区空间的特点
与模式，需要对空间的各个构成要素之间的关系进行研究，进而本
质上了解街区空间的层次、规律以及秩序，这也是对历史街区空间
"结构"进行解析的意义所在。

　　（2）结构主义对城市建设的影响

　　结构主义作为一种方法论，在许多人文科学领域的研究中得到
广泛的应用，诸如功能主义人类学、语言符号学、格式塔心理学等。
结构主义的系统观和整体观，影响并改变了 20 世纪 50、60 年代之
后的整个社会思维方式，同时也构成了"Team X"小组以及克里
斯托弗·亚历山大（Christopher Alexander）、凯文·林奇（Kevin
Lynch）等人早期的建筑设计和城市规划理念的主要内容。

　　无论是凯文·林奇城市形象的构成要素（《城市意象》1960 年），
还是克里斯托弗·亚历山大的半网络形的城市结构（《城市并非树

[1] 参见《辞海》关于结构的
解释

形》1965 年），都摒弃了以往纯粹的形式布局和孤立的功能隔离，而是把城市空间系统中各个组成要素看作是紧密联系、相互依存、相互影响的有机整体。

20 世纪以来，随着自然科学技术的迅猛发展，自然科学开始了一场由原子主义的研究方法到系统—结构的研究方法的重要变革。所谓原子主义的研究方法是指在研究某一现象或事物的时候，把研究对象当作一个个彼此孤立的组成部分，或者当作各个组成部分相加的总和；然而，系统—结构的研究方法则是将某一现象或事物看作一个整体，并且自身拥有一个系统。系统中各个组成部分（或构成要素）之间是相互影响、相互联系的。每个组成部分的意义或者属性是由整体的系统结构决定的。因此，这种研究方法注重的是各个组成部分之间的联系以及它们与整体之间的依存性，也就是"整体大于部分之和"。20世纪 30 年代，贝塔朗菲（Bertalanffy）创始的"一般系统论"，以及之后 40 年代"信息论"和"控制论"的产生，标志着系统科学的创建。

自然科学所取得的巨大成就以及在研究方法与科学理论上的突破性进展，也给人文科学领域的研究注入了新鲜的血液。20 世纪50、60 年代，以法国为中心的结构主义将系统论推进到了一个更高的地位。它试图在人文科学领域中建立一种准确、客观、科学的研究方法，从而开启了人文科学领域研究的新篇章。

结构主义的产生有着其深刻的社会和历史根源。20 世纪初，世界大战给全世界人民带来了一场深重的灾难，从而使得倡导人性自由和个人存在价值的"存在主义"思潮风行于 20 世纪 40 年代的整个西方世界。然而，随着二战后资本主义经济的复苏到后来的迅猛发展，战争给人们带来的创伤渐渐平息。之后 10 余年间的社会、经济、政治状况也趋于稳定，导致存在主义逐渐地失去了原本的"存在感"。随后，反对标榜自由、追求社会稳定的结构主义顺应着社会和历史发展的需求应运而生，它试图探索一种自我调节、秩序稳定的社会结构模式来维持一个社会机制的协调运作。

结构主义的社会结构系统观和整体观，在很大程度上影响着现代的城市设计和规划思想，从而导致了后来社区规划"整体设计"

概念的产生。整体设计主要是将城市看作是一个有机整体，即局部
与局部之间是相互依存、相互影响的关系。建筑存在于环境之中，
并成为构成环境的要素之一，环境的形式是整体的统一和局部的变
化，房屋是局部，环境是整体。因此，作为整个城市环境中一个局
部的建筑，是通过人们的行为方式、社会文化、生活结构统一在一
起的。

结构主义的产生是处在战后西方资本主义经济的复苏并稳定发
展时期。与 20 世纪 20、30 年代 "一战" 后的社会、经济状况相类
似，"二战" 后的 50、60 年代成为现在理性主义建筑发展的高峰时期。
在西方资本主义取得的巨大成就的刺激下，建筑师们也纷纷开始了
理想主义的城市建设构想。其中，以 CIAM 的《雅典宪章》和勒·柯
布西耶（Le Corbusier）的 "光辉城市" 最为著名（图 1-12）。

《雅典宪章》中将城市按照四种不同的使用功能分为居住、娱乐、
工作和交通。这一思想对当时城市混乱的机能状况起到了很大的改
善作用。然而，随着社会一步步的发展，这种僵化的形式和片面的
功能主义已经不再能够适应新时代理想的城市环境秩序。

图 1-12 勒·柯布西耶 "光
辉城市" 构想

1956 年，在前南斯拉夫的杜布罗夫尼克（今属克罗地亚）召开
了 CIAM 第十次会议，最后由 "Team X"（10 次小组）的创立而告
终，宣告了 CIAM 的结束和新的城市规划设计思想的开始（图 1-13）。
"Team X" 的最初成员主要以在战后城市重建与恢复工作方面取得
突出成就的荷兰和英国等国的欧洲建筑师为主，后来在全世界范围

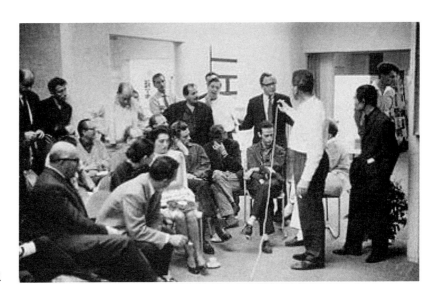

图 1-13　CIAM 第十次会议

内造成了深刻的影响，并邀请了路易斯·康（Louis I. Kahn）、丹下健三（Kenzo Tange）等世界著名建筑师参加，日本的"新陈代谢派"（metabolism）也随之产生。

"Team X"对现在建筑设计和城市规划思想中的合理性和功能性进行了"包含肯定的否定"，即在肯定其所取得的时代成就的同时，对其过分纯粹化的功能性和城市片面的分离性进行了批判。它所提倡的城市建设思想是以对社会的关注和人文关怀为出发点，认为城市的建设一定要从社会的整体机制和人们的生活结构出发，城市空间是人们生活方式的集中体现，城市建设者的首要职责就是将人们的社会生活融入到所创造的城市空间之中。

建筑师是形式的赋予者，而不是生活的变革者。"Team X"的城市思想理论主要体现在以下几个方面：

① 注重人际结合。建筑的设计和城市的规划必须以人的生活行为方式为基础，建筑和城市的形态必须来自于生活本身的结构中。

② 城市的流动性（Mobility）。现代城市的复杂性和矛盾性主要表现在各种流动形态的相互交织，应该使城市交通系统与建筑系统有机地结合在一起。

③ 城市生长和变化（Grows and Change）。城市是在不断地

发展变化的，城市规划与设计也是一种永远不会停歇的使命，因此任何一代建筑师仅仅能够做出有限的工作。城市的生长过程即为一个既没有开头，也不会有结尾的重新集结的过程，城市是一个联系紧密而复杂的网状体系。这一观点无疑对之后"新陈代谢派"的建筑与城市思想产生了重要的影响。

④ 簇群城市（Cluster）。是关于以上三种思想的综合体现。

由此可见，"Team X"的这种坚持城市系统性和整体性的观点无疑是受到当时在西方占据统治地位的结构主义理论的影响。其中，丹下健三认为，"从任何意义上讲，我们已经开始意识到无论是建筑空间、建筑本身还是城市空间，其本身都具有一种'结构'（structure）。"[1] 这里所指的结构，并不是在力学意义上的结构，而是物质要素之间相互联系的秩序和规律。

丹下健三常常采用"群集"、"组群"、"联合"等概念来表达某种结构关系。他曾做了一个形象的比较，来说明"结构主义"和"功能主义"的区别：同样是设计一个大学，功能主义认为大学的概念主要就是实验室、教室等要做到满足使用要求、配套设施要齐全，走廊、广场和活动场地要尽量做小、做少以减少开支。然而，结构主义会认为走廊、广场和活动场地是学生和教师们进行广泛交流的场所，是休憩的空间，同时也是各种功能空间之间相互过渡和转化的场所。因此，大学不仅仅就是一个教书育人的学校，而是变成了一个小型的社会（这一观点无疑是受到路易斯·康的影响）。

基于结构主义的这种思想，丹下健三提出了"交往空间"理论，将交往空间当作城市空间系统中各功能要素之间相互联系的纽带（这一观点源于"Team X"的"空中街道"思想）。随后，在他的"东京规划—1960—结构改革的方案"中开始了他在城市规划设计上由功能性向整体性转变的第一次尝试（图 1-14）。方案中，他从整体出发，将东京的所有城市系统看作是一种结构，并强调将封闭的、内向的城市形态改造成为开放性的线型结构。

结构主义影响并改变了 20 世纪 50、60 年代之后的整个城市规划设计思想，也构成了凯文·林奇和克里斯托弗·亚历山大早期的

[1]　马国馨. 丹下健三 [M]. 北京：中国建筑工业出版社，2003.

图 1-14　1960 年 东京规划概念模型

建筑设计和城市规划理念的主要内容。他们都摒弃了以往纯粹的形式布局和孤立的功能隔离，把城市空间系统中各个组成要素看作是紧密联系、相互依存、相互影响的有机整体。

20 世纪 50 年代，我国城市的工业化建设加快。城市的建设者和设计者尚没有完全意识到城市中保留下来的历史街区、历史建筑的重要性。那时的城市建设，强调城市的宏伟和计划性。虽然也是在原有的城市基础之上进行改造和再利用，但是这种规划策略势必导致新建城市结构与原有城区肌理的矛盾产生。

20 世纪 80 年代以后，城市建设得到迅速恢复，开始进入全面发展的新时代。对城市中原有老城区、重要历史建筑、历史街区的理论研究与更新实践，也越来越得到重视。一系列理论不断涌现，这其中包含吴良镛先生的"有机更新"理论，北京市总体规划中的"整体保护"理论，香港中文大学宋晓龙与黄艳提出的"微循环式"理论和同济大学王骏与王林"持续整治"理论等。也出现了像菊儿胡同、上海新天地、杭州元福巷等一批有影响力的实践案例。

东南大学的段进教授运用"结构主义"理论和研究方法对太湖流域古镇空间进行分析与探讨，是国内这一研究领域的先行者。他在《城镇空间解析——太湖流域古镇空间结构与形态》（2002）一书中，从结构与形态两方面为切入点，基于结构主义对"结构"的理解和研究方法，对传统小城镇的空间结构进行解析，揭示其深层次的空间组织规律，对古镇未来的保护与可持续发展方向有着重要的理论价值和现实意义。

　　城市中的历史街区在城市建设进程加快的冲击下，面临着保护和拆除等一系列矛盾，过去的研究偏重于风貌特色、建筑风格以及空间的形态和功能，对历史街区的空间整体性和结构关系的研究还较少。因此，后续章节在丰富的资料与素材基础上，以空间中各要素之间的组织关系（空间结构）为研究内容，对大连凤鸣街历史街区空间进行深入分析，寻找凤鸣街历史街区中各个要素之间、整体与要素之间的相互依存，交互作用的内在规律（图 1-15、图 1-16）。

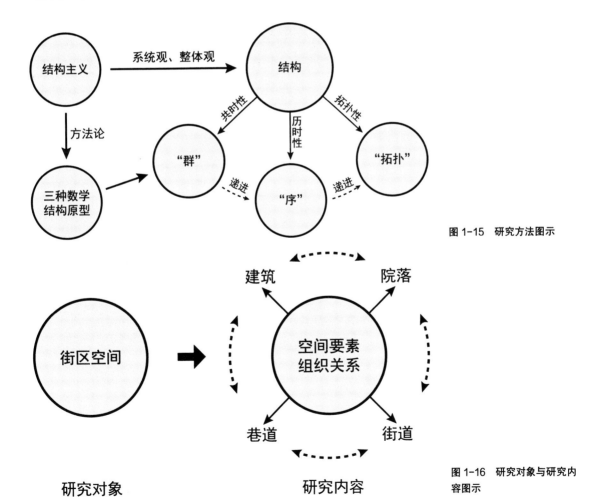

图 1-15　研究方法图示

图 1-16　研究对象与研究内容图示

第二章 街道风貌与建筑风格

　　凤鸣街位于大连市西岗区，白云山北麓，是比邻在高尔基路北侧的东西走向的一条街道（图 2-1），街区建设于 20 世纪 20、30 年代日本占领时期，多为住宅建筑，是当时为海外日本人建设的居住类型街区。凤鸣街全长1.2km，是严整的方格网住宅区的主轴街道，以连续优美的街道风貌、和式洋风的建筑式样而著称，是城市著名的历史风貌街区。

图 2-1 凤鸣街历史街区总平面图

　　大连作为东北地区的重要城市，参照了西方近代城市规划理论与思想，城市路网组织形式主要以环形放射路网和方格网等两类形式交织而成，分别由沙俄殖民者与日本殖民者先后规划建设。

　　1905 年，日本战胜沙俄取得了大连的控制权，仓冢良夫和前田松韵成为大连城市规划与建设的政策制定者。[1] 之后，沙俄的达里尼（大连）城市规划思想被很好地继承下来并得到发展，纪念性的巴洛克城市规划得到延续，城市扩展使得发散型道路越过地形的限制延伸到西部的城市新区，古老而又实用的方格网规划在城市新区被采用，以应对城市的快速发展（图 2-2）。

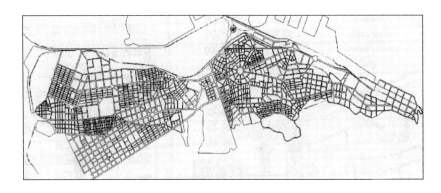

图 2-2　20 世纪初期大连城市空间形态

　　从 1905 年开始，日本人得以自由移居大连，在大连的日本人数量逐渐增加。随着城市工商业的发展，大连城市人口在 1919 年已达 10 万人。 方格网城市规划形式更有利于建立有秩序的居住区，土地开发变得更加容易。沙俄的达里尼（大连）规划思想之一是根据人种划分居住片区，这一思想同样得到了继承和发展，凤鸣街街区就是在这一时期规划建设的。

2.1　街道设计

　　近代大连城市建设中，无论是沙俄还是日本殖民者都很重视街道界面的设计，有明确的城市建设规范来控制。1905 年制定的《大连市房屋建筑取缔试行法规》规定：面向一等、二等道路的沿街面

[1] 引自名古屋大学西泽泰彦教授在天津大学的学术报告《20 世纪前半叶大连市城市空间形成及建筑》，2018 年。

禁止设置前院，建筑临街布置，檐口高度必须在 9.09m（30 日尺）
以上。临街方向街廓周边的建筑更加密集，建筑间隙要小于地块内
部，其目的是形成连续、完整的街道景观以及防止产生密度过低的
街区。

　　方格网街道是一种非常古老的街道形式，古中国和古希腊都先
后产生了方格网城市规划体系。中国古代"克己复礼"的里坊式城
市就是方格网布局，源自于汉代晁错提出的"营邑立城、制里割宅"
的城市规划思想，这一思想也深深影响了京都、奈良等日本古代城
市。古希腊希波丹姆斯 [1] 的方格网城市兼顾秩序与自由，这样的城
市具有 4 个特点，即统一性、内部的开放性、与大自然呈平衡状态
和自觉地控制城市的发展，至今仍被看作是城市规划的典范 [2]。显
然，以凤鸣街为代表的大连白云山居住区方格网布局，是源自于西
方方格网城市规划体系，但是无论从街区平面、街廓尺度、地块划分，
以及建筑肌理与密度上，都与日本京都等城市居住区形态极为相似，
传递着日本传统城市的建设思想（图 2-3）。

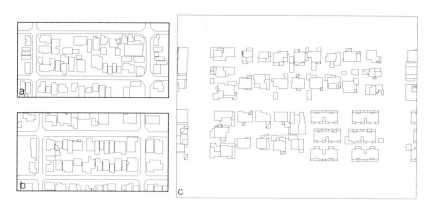

图 2-3　街区形态对比
a：日本京都府北区紫野上柳
町街区
b：日本京都府左京区下鸭东
塚本町街区
c：大连凤鸣街街区民运街至
对山街地块

[1] 古希腊人希波丹姆斯，被
誉为"西方城市规划之父"，
强调方格网道路为城市骨架构
筑严整的城市公共中心，以数
理关系追求城市秩序和整体美。
[2] 康宁，刘一光. 中外城市
方格网结构布局的文化思想探
源 [J]. 作家 . 2010（18）: 139-140.

　　方格网规划通常在一定的范围内，在横纵两个方向上进行道路
分割，形成相似尺度的方格街块单元。凤鸣街街区存在于典型的方
格网城市形态中，顺着白云山西北麓等高线向西南方向延伸。街道
向东的延长线恰好穿过 6km 之外的东部中心区中山广场，这应该是
城市建设中特意的规划设计。

（1）街区平面

凤鸣街全长 1260m，呈东西向贯穿在整个街区之中。其间，南北向纵贯凤鸣街的城市道路共 8 条，由西到东分别是正仁街、东北路、民运街、对山街、大同街、长春路、沈阳路、北京街。街区西东两侧的边界道路是拥警街和纪念街，日本殖民时期相对应的街道名称是芝生町、若菜町、千草町、白菊町、桔梗町、菖蒲町、山吹町、堇町，西东两侧是芙蓉町和水仙町（图 2-1）。整个街区被分割成 9 个长方形地块，以凤鸣街为轴，形成统一整体。各地块尺度相近，遵循统一设计思想，独立成坊。

（2）街廓尺度与地块划分

街廓的尺寸大小以及地块的划分形式是城市开发和土地利用中非常重要的问题，它直接与城市的开发运作方式、土地的买卖行为以及使用者的权责利益相关，同时影响城市的建筑布局形态[1]。凤鸣街的街廓平面为长方形，长边为东西向，临主要城市道路，长度为107～160m，有集合住宅的街块长度通常要更大一些；短边方向被凤鸣街分割成两部分，进深49m（图 2-4）。从对近代东北城市规划的研究中可以看到，沙俄和日本早期殖民统治时期，商业区典型街廓进深为 80～120m，而日本殖民者后期规划的居住用地，街廓进深基本控制在 50m。对日本京都地区的居住用地研究发现，东西向长方形街廓尺寸基本与凤鸣街相当。以上研究表明凤鸣街街区在作为典型的居住用地进行规划的同时，充分考虑了居住人群的种族（日本侨民）以及传统居住模式。形态关系与街廓尺度有别于俄国人和中国人居住区。

[1] 刘泉、梁江. 近代东北城市规划的空间形态元素 [M].大连：大连理工大学出版社，2014：103.

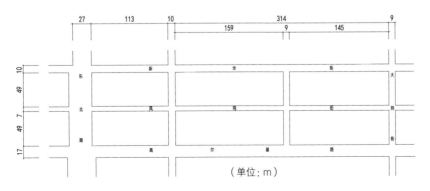

图 2-4　东北路至大同街地块尺寸

（3）地块划分

凤鸣街街区是标准的方格划分，形式统一、尺度相近、朝向一致。无论是基础设施建设还是管理规范控制上都更加容易，也有利于公平分配、土地买卖和开发利用。地块划分形式主要考虑两个方面，一是保证规划形式的完整性，街道景观的连续性；二是尊重居住人群的传统居住习惯与模式。凤鸣街街区的地块划分网格基本成为独栋住宅建筑的院落边界或集合住宅的间距中线，在方格网基础上重视外部街道的面向性，建筑的主立面都面向街道。所以在地块的短边上，划分关系发生了转变，划分出的地块方向与长边的地块方向成垂直关系。如此的地块划分形成了更为完整的街廓，接近于周边式（block）的地块的完整性。划分形式的改变使得地块端部可合并成更大地块，可以建设公共设施建筑，或者设计更大体量的集合住宅（图2-5）。面向凤鸣街一侧，由于在街块内部，地块划分网格关系与外部网格时有错动，略显自由。

源自于武家文化[1]的日本传统住宅，是木造的独栋式住宅。日本在明治维新期间确立了土地私有制度，承认土地为个人的私有财产。日本社会的传统观念对于土地以及在自己所有的土地上建造的住宅具有比较强的所有意识，一般普遍认为独栋式住宅才是典型住宅[2]。高密度的城市居住状况使得土地划分不断细化而形成"短册形"和"旗形"土地，海外殖民地城市与日本本土城市有着相同的划分样式（图2-5）。

[1] 日本武家社会指的是由武士作为社会统治阶级的社会，明治维新之前土地全部属于领主阶级武士阶级所有，这里的武家文化主要指以领主土地所有制为代表的社会文化。

[2] 富泽宏平.日本城市型三代居住宅设计研究[D].清华大学硕士论文，2014：37.

图2-5　a：大同街至长春路地块划分形式
b：民运街至对山街地块划分形式地块中间位置竖向排列地块为短册形，两端的横向地块为旗形。

a　　　　　　　　　　b

（4）建筑肌理与密度

受日本传统城市住宅布局的影响，凤鸣街街块的建筑一般为东西向双排布置，街块周边沿南北向街道有三排或四排布置的情况，应为城市景观整体性考虑，另外这种布置形式虽然接近于周边式布局，有利于整体性临街界面的形成，但与之相比，组团内空间的向心性较弱，也不具备公共交往的功能。

街块的北侧为新华街，南侧为高尔基路，均为城市主要道路，沿街住宅规划齐整，院墙边界位于一条直线上，距城市道路边线在4～4.5m之间，前院很小，建筑距路边线距离根据道路宽度不同，北侧约7m，南侧约10m。凤鸣街贯穿其中，由于在街块内部，用地状况相对宽松，建筑密度较低，街道界面较为灵活。每个街块的中心区域建筑退后明显，而中心街道两端则通过拉近建筑而收窄，形成纺锤形街道空间，整个凤鸣街9个地块均表现出同样的街道空间形态（图2-6）；与平面关系相呼应，地块周边建筑层数保持在2层或2层以上，越靠近中心区域，建筑高度越低，自由的空间形态营造出轻松的空间氛围（图2-7）。在绿树欧风的映衬下，凤鸣街散发着恬静、优雅的生活气息。

除了独栋式住宅，凤鸣街街区还有着为数不少的集合式居住建

图2-6　凤鸣街街区各地块街道空间形态。街道中间宽松，两端收窄。

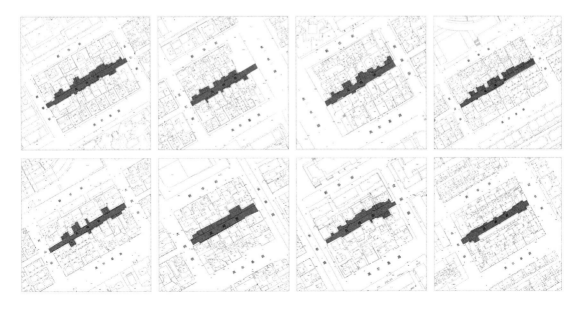

图2-7 正仁街至东北路地块的凤鸣街北立面天际线可见明显的两端高中间低。(上)
图2-8 民运街至对山街地块的凤鸣街南立面集合住宅的脊线高度与周边独栋住宅相近。(下)

筑，既有双拼式住宅，也有公寓式建筑。这一类居住建筑主要集中在中部和西侧的几个地块中，有些是为附近的日本学校教师服务的"官舍"和"市营住宅"。在民运街与大同街之间的两个地块中，集合住宅与独栋住宅交织布置，集合住宅集中在街角区域，排布整齐，三行两列呈"旗形"布置（图2-5），同样体现了地块周边严整、内域舒缓的规划思想；建筑体量控制基本为两层独栋住宅的2倍，檐口高度相当，既保持街道界面的一致性，又可以在可控范围内协调体量差异（图2-8）。

北京街与纪念街之间的地块，位于整个街区的最西侧，独栋住宅群落的空间一致性已不再是规划设计的主要考虑因素。较为高大的集合住宅形成两个完整的周边式（block）组团，也许是要满足居住需求，或者是考虑与相邻街区的延续衔接。沈阳路与北京街之间的地块在20世纪50年代即已改建为集合住宅，已完全不见凤鸣街其他街块的样貌。但是从地块平面布局可以看出，其与西侧地块的原始规划几乎一致，可以相信在建设初期，两个地块应存在较大的相似性（图2-9）。

2.2 街道风貌

在日本，近代建筑的出现开始于1865年。到1945年之前的80年时间，希腊式、文艺复兴式、巴洛克式、罗曼式等各种"洋风"建筑相继出现，并占据了主导地位。在日本近代建筑关于样式的分项研究中，首先是发现并总结了殖民式建筑，当时是为外国人建的[1]；

[1] 藤森照信.日本近代建筑史研究的历程.世界建筑 [J].1986（06）: 77.

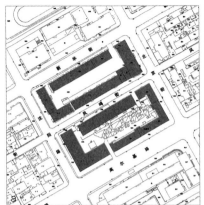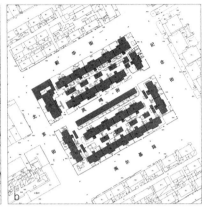

图2-9　沈阳路至纪念街地块的建筑布局形态

其次，发现了由当时日本的工匠按照自己的理解来模仿"洋风"建筑而建造的"拟洋风"建筑。殖民地建筑由外国人设计并为外国人使用，所以风格形式较为纯粹。"拟洋风"建筑则不同，是在日本建筑上采用了"洋风"建筑的形式，虽然形式笨拙，但却有着日本独自的特点。明治时期的日本建筑家致力于学习19世纪的欧洲建筑，在作者2013年出版的《图释新古典主义建筑》一书中，把这一时期称之为"新古典主义"时期。建筑师以过去的建筑样式为设计典范，并在这种框架内设计出建筑的特色。凤鸣街历史街区成于这一时期，总体上欧式折中主义风格的风貌下，包含着多种样式。住宅平面受日本传统町家建筑和美式住宅的影响，"和式洋风"由此得名。

在大连，有着许多以优美著称的历史建筑，凤鸣街的建筑总体来说不是这个城市当中最出众的，毕竟她位于最初的城市外围，是城市拓展需要并接纳普通日本侨民居住的住宅区。凤鸣街是一条有着百年历史的老街，所在区域的建筑类型相当统一，主要是独栋的日式庭院住宅和小型的集合住宅。一座座秀美朴实的欧风建筑，绰约从容，如同泛着雅致光芒的珍珠项链，连续的结构关系形成了独一无二的街道景观，街区风貌的整体性正是凤鸣街的价值所在。

凤鸣街街区主要有3条长达1.2km的横向街道和10条120m的纵向街道交织而成。10条纵向街道将整个街区分割成9个地块，每个地块临街界面独立成章，又相互衔接，形成序列感极强的结构关系。其中以凤鸣街两侧街景最为优美，空间秩序收放有序，界面连续统一，欧风街道景观最负盛名（图2-10）。

　　凤鸣街南侧建筑临街边界整齐，距离道路均为3m左右，独栋住宅多为两坡屋顶，临街立面以尖屋顶山墙面居多，天际线高低跌落，变化丰富（图2-11）；北侧建筑临街边界错落有致，多数地块的中心区域建筑距离街道多达10m，建筑多为平缓复杂的同坡屋顶。临街界面突出凹进，自然形成院落，花墙绿树虚实掩映，营造出舒缓宁静的居住氛围（图2-12）。

　　凤鸣街沿街界面由西向东大致分为四段（图2-13），拥警街到民运街之间的3个地块以及民运街与对山街之间地块的西半段构成第一段，长度约510m，基本是由独栋小住宅构成。相邻建筑间距较近，虽然临街立面形式各不相同，但样式风格统一，街道界面完整紧凑。诸如邮政局等少量的公共建筑位于整个街区的西端，形式

图2-10　凤鸣街街景

图2-11　东北路至民运街地块的凤鸣街南立面

图2-12　东北路至民运街地块的凤鸣街北立面

多为现代风格，但层数和体量控制较好，很好地融入了整个住宅街区当中。这一段的界面整体起伏平缓，在各个地块中心区域布置单层建筑，天际线呈多段Ｖ型降低，与街道凹入空间相配合，凸显街块中心区的核心地位，以及更高级的建筑品质和更有格调的居住品位（参见图2-7、图2-11、图2-12）。

第二段西接第一段东端到大同街结束，长度约220m。此段特征性建筑是略带西班牙风格的二层集合住宅，在凤鸣街南侧是以对山街为轴对称布置，在对山街—大同街地块是以凤鸣街为轴错动布置，整体天际线平直，规划布局更为理性（图2-14）。

第三段西起大同街，东至沈阳路，长度约为236m，街道界面基本延续第一段的特点，建筑总体品质略微降低，街道风貌同样是欧式折中风格（图2-15）。

第四段是整个街区最东侧的两个地块，沈阳路到北京街地块在后期被拆除重建，原始建筑已不见踪影。但是从现有街块平面来看，布局方式同东侧相邻的北京街到纪念街地块非常相近，可以推断出在建设初期应为相同的规划形式及建筑样式。这一段的街块建筑形态是周边围合式（block）联排住宅，与其他地块不同。两层的集合住宅呈单元式组合，首尾相接，中间围合成开敞而又封闭的内部庭院。折中主义临街界面倾向于西班牙风格，统一有序（图2-16）。

2.3　建筑样式

大连近代建筑的发展，起源自沙俄占领时期，发展于日本殖民时期。无论是最初的巴洛克城市规划，欧式建筑风貌，还是"和魂洋才"[1]的日本近代文化思想，都成就了这个城市曾经的"东方巴黎"美誉。凤鸣街区域的建筑集中建造于20世纪20、30年代，建筑功能相近、样式风格统一，是大连近代城市建设四大历史片区之一，街区规划与建筑设计由当时的日本建筑师完成。

日本于安政元年（1854）打开国门，欧美贸易商人登陆长崎、横滨、神户等通商港埠。就像之前在上海、香港等中国沿海城市建

[1]　和魂洋才是江户末期日本思想界对吸取西洋文化所采取的一种态度。即只接受洋学中的实际知识和应用技术，而摒弃其理论和精神方面的内容。起初，新井白石所著《西洋纪闻》一书中，将欧洲的科学技术与基督教加以区别，承认西方自然科学和技术的优越，日本应移植；主张形而上的内容（观念、思想）应采取东方的传统观念，即和魂，东洋道德，形而下的东西应吸收西洋的技艺，即洋才，西洋艺术。引自顾明远《教育大辞典》，上海教育出版社，1998年。

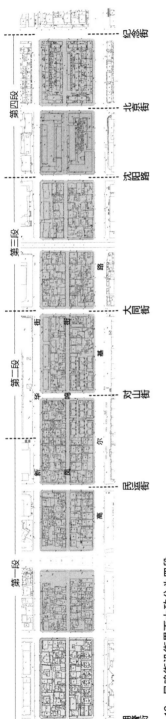

图 2-13 凤鸣街沿街界面大致分为四段

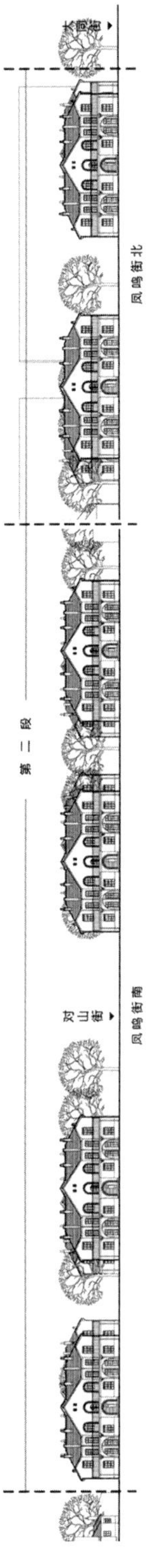

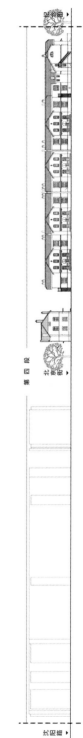

图 2-14 第二段凤鸣街南北立面

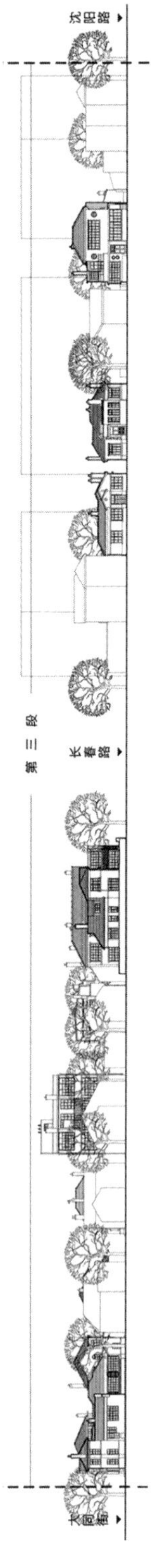

图 2-15 第三段凤鸣街北立面

图 2-16 第四段凤鸣街北立面（左侧部分为后期建设的集合住宅立面轮廓）

立的外国人居留地一样，他们在日本城市里也建造了为数众多的殖民式建筑，被称之为"洋风"建筑。同欧美建筑风格一起被引进日本的，还有近代建筑所包括的几乎所有的技术因素，包括砖石砌筑的构造做法、木制桁架的屋架构法以及铁结构的使用。

从 1867 年明治时期开始，日本各地出现了一种"和洋"结合的建筑形式，是偏僻地区的大木匠师在与登陆日本的殖民样式建筑相遇后，将其体验以自己的方式表现出来的东西。此种独特的形式现在被称为"拟洋风"——拟似洋风的建筑物的意思[1]。

一直到 1945 年，"洋风"和"拟洋风"建筑样式一直占据着日本建筑的主导地位。但是由于 20 世纪初反历史、反装饰的现代主义思潮影响，再加上美国在这一时期赶超欧洲成为世界上最发达的国家。于是从 20 世纪初开始，日本近代建筑从先前的历史主义演变出三个不同方向的流派，一支是深化欧洲新古典主义，另一支是学习美国的历史主义样式，第三支是吸取现代主义精神[2]。从此，日本近代建筑由向英、法、德等欧洲国家学习的主流方向，转向向美国的历史主义和实用主义学习。在 1900 年之后，日本也引进了一些早期的现代建筑，但规模和影响都很小，直到二战后才得以全力推行。

那么无论是西方历史主义建筑风格对日本本土建筑的强力影响，还是明治二十年（1887 年）以后向欧美直接学习建筑的日本建筑师，在大连这个日本殖民地城市建造的日本侨民住宅几乎都不可避免地主要呈现出"洋风"样式。

从建筑风格来看，以住宅建筑为主的凤鸣街历史街区的建筑样式并不复杂，以折中主义风格居多，既有欧洲古典折中主义样式，也有许多受美式住宅影响的和洋折中式，甚至有类似"拟洋风"建筑的设计手法，还有兴盛于 20 世纪 20 年代欧美国家的 Arc Deco（装饰艺术）风格，以及现代主义建筑样式。有些建筑在局部特征上体现某种风格，比如立面形式、门窗洞口、柱式细节等，其风格名称很难明确定义。概括来说建筑样式主要有古典折中主义风格、美国住宅样式、Arc Deco（装饰艺术）风格、现代主义等。

[1] 藤森照信 . 日本近代建筑 [M]. 济南：山东人民出版社，黄俊铭译 .2010：75.
[2] 藤森照信 . 日本近代建筑 [M]. 黄俊铭译 . 济南：山东人民出版社，2010：240.

（1）古典折中主义风格

折中主义建筑流行于 19 世纪上半叶到 20 世纪初的欧美国家，是选择某一种或两种建筑样式进行个性风格的润饰，创作思路灵活多样，经常可以看到不同历史时期的古典形式组合，或者现代风格与古典样式的融合，或者东西方建筑风格的糅合。即使在欧美，流行于 18 世纪 60 年代至 19 世纪末的新古典主义风格在各个国家也不尽相同。凤鸣街住宅在总体折中主义风格下，呈现出英式乡村住宅、西班牙城市住宅、美式住宅等多种风格倾向。

英式乡村住宅以山墙外露木构架为典型特征，类似中国穿斗式木构形式，再配以红瓦高坡屋顶和浅色粉刷墙面。凤鸣街 131 号（图 2-17）、民运街 38 号、凤鸣街 164 号、新华街 102 号等建筑或多或少地体现出英式乡村住宅的样式特征。新华街 102 号临街立面的半圆拱窗和露台花瓶柱护栏又呈现出法国文艺复兴样式特点（图 2-18）。

西班牙城市住宅风格多注重装饰，坡屋面平缓，入口门廊和部分窗户采用圆拱形，山墙变化丰富，以联排式居多，前文提到的凤鸣街街道界面第二段和第四段的集合住宅，凤鸣街 100-108 号等集合住宅、北京街 132 号等集合住宅就呈现出这样的风格样式（图 2-19）。

早期美国建筑风格本身就是以英式为主的多种欧洲式样的糅杂，为适应美国生活又进行了一定的精简和创新，其中包括维多利

图 2-17 凤鸣街 131 号

亚（Victorian）风格、殖民地（Colonial）风格、平房（Bungalow）
风格、科德角式（Cap Cod）风格等多种样式。

　　明治（公元1868-1912）末期，日本社会普通民宅逐渐形成
一种被称之为"中走廊式住宅"的固定样式，其主要特点是在住
宅门廊（玄关）的南侧设置西洋式会客室，以一条位于房屋中间
的走道将会客起居部分与厨卫等生活空间分成南北两个部分，形

图 2-18
a：民运街 38 号
b：凤鸣街 164 号
c：新华街 102 号

a　民运街 38 号　　b　凤鸣街 164 号　　c　新华街 102 号

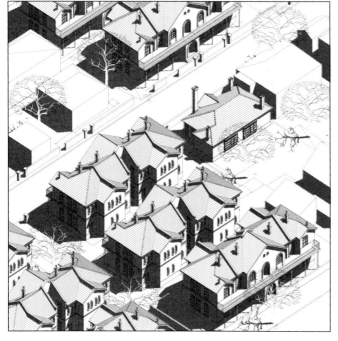

图 2-19　凤鸣街街区简化
的西班牙风格集合住宅

成和洋并置式的住宅形式（图2-20a）。1910年前后，以家庭起居室为主要空间的美式小住宅被引入日本，并带来了以家族成员为中心的生活理念。以山本拙郎为代表的日本建筑师对引进的美式平房结合土地狭小的状况、日本人生活的实际情况和喜好，进行折中式的改进设计，平房改为两层、窗户改为和式、室内布置和式榻榻米房间等。但在外观上依然保留轻快朴素的洋风外观。按照日本需求改良后的这种以起居室为重心的住宅被称之为"起居间式住宅"（图2-20b）。

美式风格的和洋折中式住宅在凤鸣街街区建筑中十分常见，有位于街块中心区域的平房式、有两层缓坡屋顶的改良式，还有简单实用的科德角式。

凤鸣街43号、45号、66号、103号、105号、107号、111号、123号、129号、138号、142号、143号、144号、148号、158号、大同街200号等都是美式平房风格的单层独立式小住宅（图2-21），基本上分布在凤鸣街两侧，街块中心附近，有明显的规划层面的考虑。美式平房经过改良形成的两层"起居间式住宅"样式在凤鸣街街区也较为多见。凤鸣街39号、121号、民运街36号、对山街3号、大同街183号、185号、新华街48号、50号、52号、56号、长春路233号、235号等均属于这种样式（图2-22）。无论是单层还是两层，都有着相似的风格特征：屋面较为平缓，坡度均在30℃～35℃之间，平面形式灵活多变，传统日式木格窗体现较多，洋风立面或简或繁，房间布局以起居室为重心（图2-20c）。

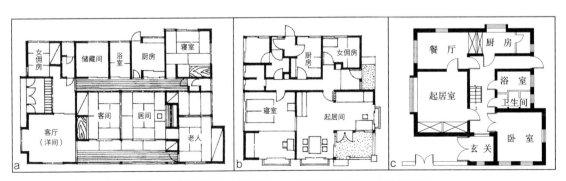

图2-20　a: 中走廊式住宅平面，b: 起居间式住宅平面图，c: 凤鸣街街区大同街183号平面图

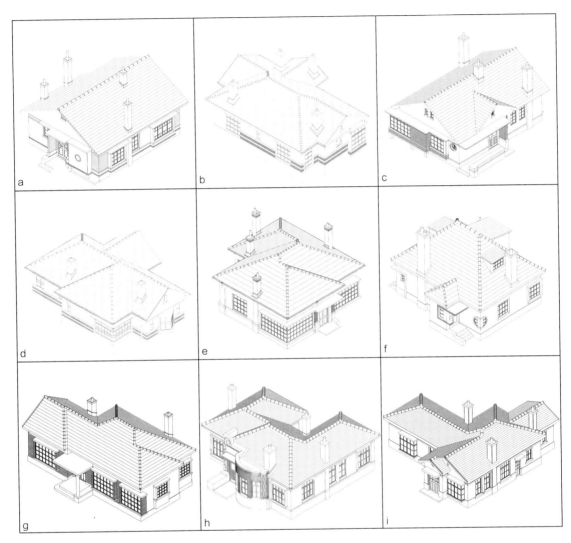

图 2-21 凤鸣街美式平房风格单层独立式小住宅
a: 凤鸣街 148 号　b: 凤鸣街 144 号　c: 凤鸣街 129 号　d: 凤鸣街 123 号　e: 凤鸣街 107 号　f: 凤鸣街 109 号　g: 大同街 200 号　h: 凤鸣街 43 号　i: 凤鸣街 45 号

　　简单实用的科德角（Cape Cod）式风格起源于 17 世纪的新英格兰[1]，双坡屋顶陡峭成三角形，斜坡屋面有的完整无窗，有的嵌入三角形或平顶老虎（Roof）窗，屋顶空间可做成阁楼，形成一层半的住宅，墙面装饰物较少。凤鸣街 166 号、凤鸣街 160 号、凤鸣街 128 号、凤鸣街 130 号、凤鸣街 132 号、民运街 40 号、凤鸣街 80 号、凤鸣街 83 号等住宅体现出较为典型的科德角式特征（图

[1] 新英格兰，位于美国本土的东北部地区，包括缅因州、佛蒙特州、新罕布什尔州、马萨诸塞州、罗得岛州、康涅狄格州等六个州。波士顿是该地区的最大城市以及经济与文化中心。

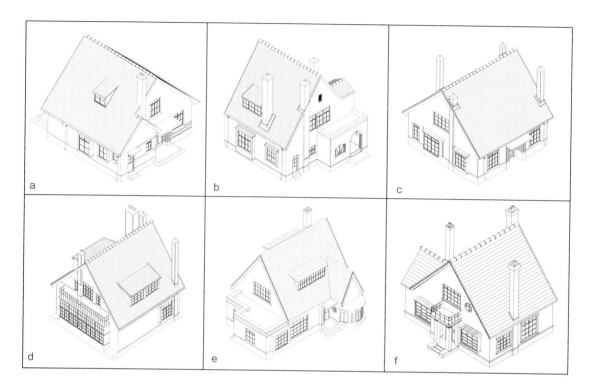

**图 2-23　凤鸣街街区科德
角式住宅**
a: 凤鸣街 160 号
b: 凤鸣街 128 号
c: 凤鸣街 130 号
d: 凤鸣街 132 号
e: 民运街 40 号
f: 凤鸣街 83 号

2-23）。其中一些建筑的立面形式、墙身细节、窗户样式等处理手法多样，窗上雨棚、木格窗等日本传统建筑元素也有所采用。除了主要的双坡屋顶，还有垂直方向的双坡屋顶插入主屋顶的斜面，形成更大的山墙面以及更为复杂的平面形式，可以看作是科德角式住宅样式的进一步发展。

（2）Arc Deco（装饰艺术）风格

装饰派艺术是诞生于 20 世纪初的一种建筑艺术风格，充满了新世纪精神以及对机械美学的崇拜，这是介于古典与现代之间的建筑折中风格。后人引用了 1925 巴黎艺术装饰工艺展的名称，将这段时期的风格命名为装饰派艺术风格。装饰艺术风格建筑外观为简洁的几何形体，立面构图规整，强调竖向装饰线条，重点部位点缀几何纹样或浮雕装饰[1]。凤鸣街街区装饰艺术风格建筑多出现在临近街道的转角位置，以小型公共建筑和小型集合住宅为主，体现装饰艺术繁复和现代建筑简洁的特点。凤鸣街 151 号，位于凤鸣街西端入口处，是邮政局类的公共建筑，两层建筑由多个方盒子体块自

[1]　沙永杰.上海武康路风貌保护道路的历史研究与保护规划探索.上海：同济大学出版社，2009：47.

由组合而成，现代感很强。建筑临街的几个角部、雨棚处理为弧形转角，突出屋面的楼梯间四角也采用了相同的处理手法；临街的转折立面通过面砖拼贴形成细腻的横纹装饰，勒脚和檐口也采用多级线脚进行装饰，细腻的金属旗杆也变成了装饰构件（图2-24、图2-25）。新华街113号，是一幢位于十字街口西南角的3层集合住宅，由两个方盒子体量错动构成，离街道更近的方盒子角部处理为较大的弧形，临街立面采用面砖拼贴，住宅大门上开有圆形玻璃窗，装饰意味明显（图2-26）。另外，在一些坡屋顶独栋住宅上也看到局部的装饰性细节，本书将在装饰性建筑细部一节中予以阐述。

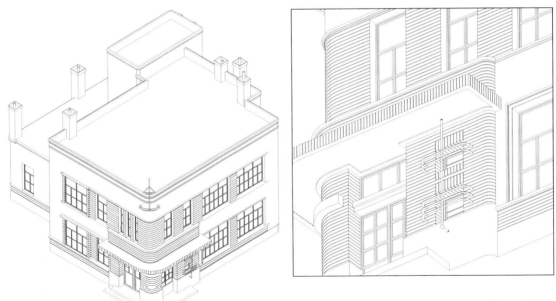

图2-24　凤鸣街151号（左）
图2-25　凤鸣街151号墙面细部和装饰性金属构件（右）

（3）现代主义风格

现代主义建筑是20世纪最重要的建筑思潮，它产生于19世纪后期，成熟于20世纪20年代，风靡于50、60年代。格罗皮乌斯的法古斯工厂设计于1911年；勒·柯布西耶的《走向新建筑》出版于1923年，其内容影响实际开始于1920年；密斯·凡·德·罗

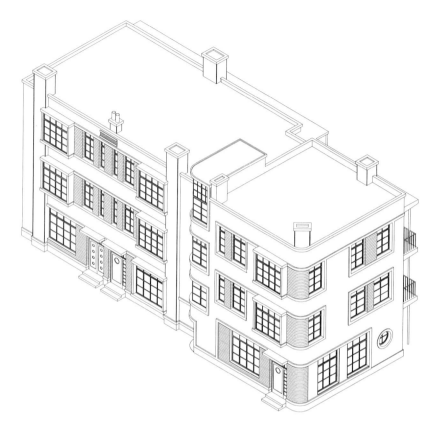

图 2-26 新华街 113 号

的巴塞罗那国际博览会德国馆建于 1929 年。就在这一时期，一批
体现现代主义思想的建筑出现在世界各地，以平屋顶、非对称布
局、自由立面、底层架空、很少或者几乎不用装饰线脚的檐口和墙
面、自由比例的窗户等为主要形式特征。凤鸣街街区的外围，也
几乎在同一时期，建设了若干现代主义风格的住宅建筑。即便是今
天，这些建筑依然以其优美的比例关系、自由的立面形式、变化的
形体组合、率真的个性特征，丝毫不逊色于当今时代的建筑。高尔
基路 193 号是一幢双拼住宅，位于整个街区的西南角，曾经是郭沫
若与刘长春的故居。几何构图的立面、平屋顶、悬挑阳台、带型长
窗、红砖墙面，既有现代式的整体简洁，又不失居住建筑的细腻温
馨（图 2-27）。新华街 132 号是连续几幢形式相同的现代主义风格
小住宅建筑中的一个，建筑体型处理简洁纯净，几何关系明确，立
面呈现出灵活均衡的非对称构图，表达了现代主义的美学思想（图

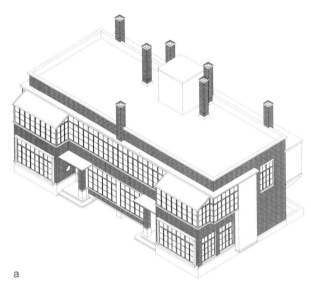

a

b

图 2-27　高尔基路 193 号
历史保护建筑，郭沫若与刘
长春的故居。
a：测绘轴测图
b：实景照片

2-28a）。新华街 44 号，这是一幢平屋顶 3 层集合住宅。主体量为
立方体，长宽高几乎相同，在此基础上进行加法和减法的设计处理。
北侧咬接突出屋面的楼梯间，南侧阳台凹进凸出，西侧一层局部架
空，处处体现着现代主义设计思想（图 2-28b）。

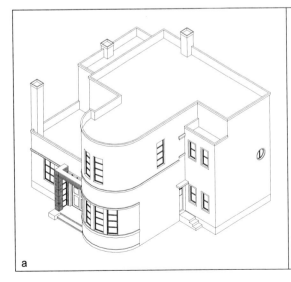

a

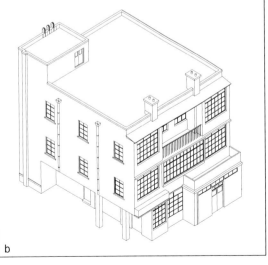

b

图 2-28
a：新华街 132 号
b：新华街 44 号

2.4 建筑细部

和式洋风是凤鸣街历史街区的风貌概括，轻快朴素的洋风外观是风貌最好的传递形式。行走在凤鸣街上，虽然感叹建筑立面的精致优美，但沧桑的面目却让这份精美打了折扣。当测绘工作完成的那一刻，发现建筑细节如此精巧，惊喜就如同拾到拂去蛛尘的珍宝。

凤鸣街建筑的洋风外观来自于欧美历史主义设计手法的直接运用与折中转译，重点部位的装饰性细节设计是表达建筑风格、体现居住氛围的主要建筑语言。建筑外观的装饰性细部主要集中在门廊、柱饰、墙饰和窗户部位，细部不很繁复，但形式多样、做工细腻、独有韵味。

（1）门廊

以住宅为主的凤鸣街建筑对入口门廊空间的设计相当重视，手法细腻、形式各不相同。门廊造型以外凸雨棚式为主，还有内凹式、切角式、院墙结合式等。外凸雨篷式门廊又可细分为悬挑式、半悬挑式、墙柱支撑式、露台外延式等几种形式。

凤鸣街 148 号的门廊是半悬挑形式，一侧的支撑短墙墙身采用面砖饰面，勒脚采用少见的弧线外放脚，门廊一侧素墙面突出，底部凹入，墙上装饰圆形假窗，禅意十足；靠门角的位置点缀 1/4 八棱鼓石，高度适当，方便主人临时放物，散发着浓浓的生活味（图 2-29a）。凤鸣街 129 号的入户门朝东，以一道面砖饰面的北墙撑起

图 2-29 外凸雨篷式门廊
a：凤鸣街 148 号
b：凤鸣街 129 号
c：凤鸣街 109 号

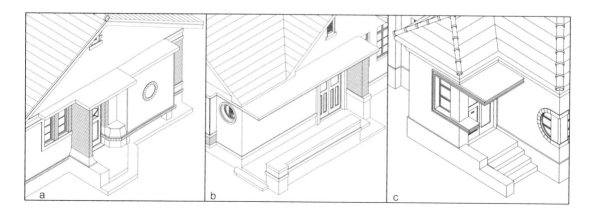

a   b   c

雨棚并挡住寒风。门廊向南延伸，和宽厚的扶手矮墙共同形成入户前廊，很有几分美式住宅的前廊味道（图 2-29b）。凤鸣街 109 号的门廊细部处理也非常精妙，线脚细密的雨棚板直接与门廊窗口线脚连成一体，呈 C 型，门廊角柱干净利落地镶嵌在 C 型框内；C 型框的下沿出挑成一方形台面，可以想象台面上放置一盆当季盛开的鲜花，会给出入的人们带来怎样的愉悦（图 2-29c）。

新华街 106 号的住宅入口设置在内转角，二层露台向外延伸的部分作为雨篷而形成门廊。入口附近的墙面以面砖为装饰，高度与窗户相同；勒脚、窗户的上下檐以及雨棚，都装饰以细密凸出的线脚；入户踏步被宽厚的矮墙收住，门两侧收口线脚与勒脚线条转折相连，大方而不失亲切（图 2-30）。

凤鸣街 128 号的门廊空间是典型的内凹式，入户门转折 90° 布置，领域感和私密性更强；门洞口为西班牙式圆拱形，洞口两侧以细贴面砖作为装饰，入户门正对的墙上饰以圆窗，"和魂洋式"可见一斑（图 2-31a）。

凤鸣街 66 号门廊是切角式，凸出的三角形山墙体量位于主墙面中间位置，凸出体块的左角被切掉而形成入口门廊，两侧再辅以装饰性细腻线脚强调入口，处理手法现代感很强（图 2-31b）。

院墙结合式门廊一般出现在临街并且外墙距离道路边缘较近的建筑上。大同街 183 号的入口紧邻街道。院墙与建筑外墙相连形成

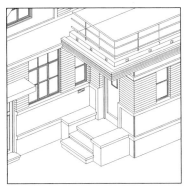

图 2-30　露台外延式门廊（新华街 106 号）

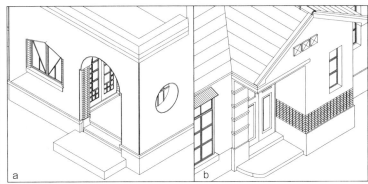

图 2-31　凹入式和切角式门廊
a：凤鸣街 128 号
b：凤鸣街 66 号

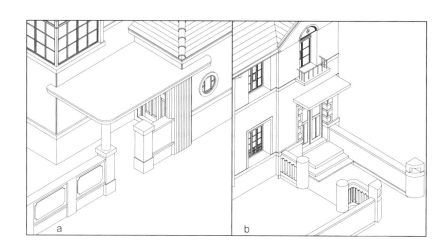

图 2-32 院墙结合式门廊
a: 大同街 183 号
b: 凤鸣街 49 号

一体，相接处凹入成转角设置门廊，雨棚的立柱坐落在院墙的门垛上（图 2-32a）。凤鸣街 49 号也同样是结合院墙设置的入口门廊。由于院墙的限定，进一步增加了这一类门廊的围合感和领域性，院墙与建筑相接，所以造型更丰富、细节更突出（图 2-32b）。

（2）柱饰与墙饰

柱式是欧洲古典建筑的经典要素，源自于希腊和罗马的传统柱型。早在日本近代"拟洋风"建筑上，由于日本工匠的自由发挥，柱式就已不再拘泥传统（图 2-33）。到了 20 世纪的 20 年代，近代历史建筑在折中思想和现代思想影响下，传统虽然未被完全抛弃，

图 2-33 日本"拟洋风"建筑的柱式

但柱式的形式演变趋向简化、自由、糅杂，柱头装饰的新样式也层出不穷。

　　注：本节中"柱饰"一词指的是柱身和柱头装饰细节的形式。

　　凤鸣街街区建筑外部柱子通常是用来支撑入口雨棚，柱身和柱头细腻的装饰做法也反映所在位置的重要性。柱身以方形居多，传统柱头元素经过简化、抽象、变形、创新，形成多种形式。凤鸣街83号门廊立柱柱头为抽象几何形，由韵律分布的浅浮雕三角面构成，如同植物叶片，让人联想到科林斯柱头上的莨苕（Acanthus）叶片装饰图案（图2-34a）。凤鸣街87号的门廊柱相比较而言是较为规矩的欧式风格，柱身方形以细密面砖为饰面，柱头为反弧线漏斗形式，连接处以三角形纹样进行周圈装饰（图2-34b）。新华街50号的门廊柱柱身同样采用细密面砖为饰面，柱头为纵向线条几何造型，

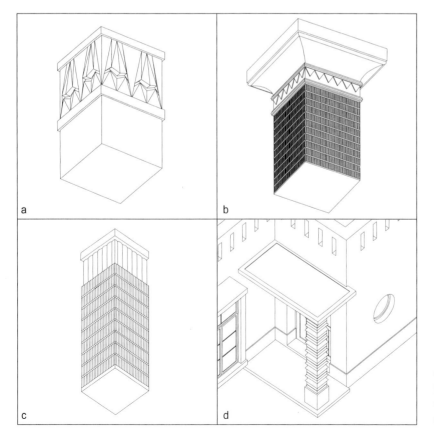

图2-34　凤鸣街街区建筑的柱饰
a：凤鸣街83号门廊柱
b：凤鸣街87号门廊柱
c：新华街50号门廊柱
d：凤鸣街145号门廊柱

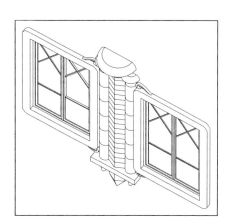

图 2-35　凤鸣街 158 号墙面的装饰构件

简洁明快（图 2-34c）。凤鸣街 145 号的门廊立柱干脆取消了柱头，柱身饰以多重凹凸线脚，韵律感如同中国密檐塔，装饰风格明显（图 2-34d）。

除了柱饰，一些建筑的墙面装饰也非常有特色，有高浮雕构件、有抽象线脚、有装饰性图案，还有建筑局部的雕塑化处理。凤鸣街 158 号，临街立面上的两扇窗户之间塑造了巴洛克风格的装饰性构件，形式优美，做工考究（图 2-35）。新华街 106 号，二层窗户上下沿线脚被引伸转折，既与一层窗户沿脚相接，又和相邻立面的线脚连为一体。转折处被夸张地处理成了半月形，装饰味道浓郁（图 2-36a）。凤鸣街 43 号，入口一侧的墙面高起，饰以上弯下直的 E 形图案，如古文字般首尾勾连，标志性极强（图 2-36b）。长春路 235 号，这幢建筑并没有做平面化的墙面装饰，而是在建筑临街角的一层转折处轻柔的切去一角，切角与折角以反拱面相接，手法简洁而又精彩（图 2-36c）。

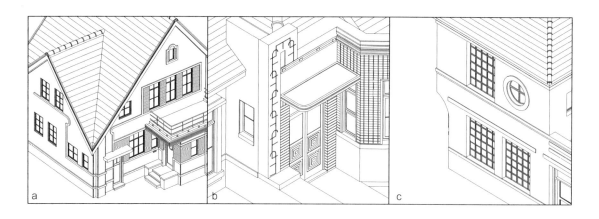

图 2-36　凤鸣街街区建筑的墙面装饰
a：新华街 106 号装饰线脚
b：凤鸣街 43 号入口墙面装饰图案
c：长春路 235 号弧形切角

（3）窗户

在凤鸣街建筑的临街立面、门廊周边、山墙面上，经常可以看到装饰性的窗洞，形式多样、亲切美观，这其中以圆窗为最多。

圆窗在东西方建筑上的应用并不相同，在西方传统古典建筑上，圆窗基本位于建筑的特殊位置，以对称或序列关系存在，比如佛罗

伦萨主教堂穹顶鼓座周圈的圆形采光窗、哥特式教堂位于
主立面中心的玫瑰花窗等；近代新古典主义对圆窗的设计
更加随意一些，山墙上部、山花中心、墙面上以圆窗做装饰，
但构图形式还是较为严谨；Arc Deco（装饰艺术）风格和
现代主义建筑的圆窗设计则更加自由，圆窗成为立面构图
的几何元素。

　　中国建筑上的圆形窗始见于明代的"月窗"，它孕育
于元代，是造园兴起与"工匠文人"的共同作用产生的花
园宅院的标志性形象，是一种广泛流行的新士绅风雅生活
的符号[1]。日本镰仓明月院，是神奈川县禅兴寺的一部分，在宋末
元初，由中国禅宗大师兰溪道隆主持。明月院以圆窗得名，如画的
窗景随四季变换，禅意十足（图 2-37）。由此可见或许，以住宅为
主的凤鸣街街区受东方建筑传统的影响更大一些吧。

　　凤鸣街建筑的门廊一侧多开有特殊形式的小窗，以圆窗居多，
墙面上也有采用圆窗进行装饰点缀，外饰窗套，窗内划分形式多样、
繁简不一。如凤鸣街 80 号、83 号、121 号、129 号、131 号、139 号、
141 号、142 号、145 号、158 号、193 号，新华街 113 号、142 号等（图
2-38）。

**图 2-37　日本镰仓明月院
窗景**

[1]　王媛.中国建筑史中的圆
形窗.同济大学学报（社会科
学版）.2014（5）;78.

**图 2-38　凤鸣街街区建筑
各种样式的圆窗**

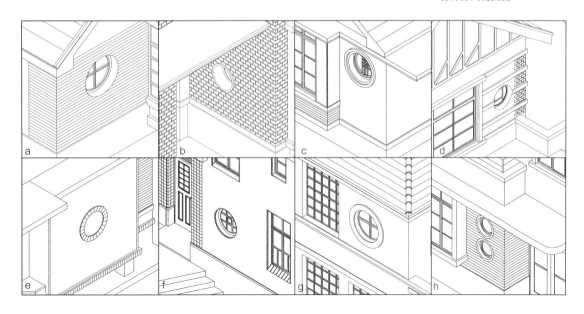

　　凤鸣街建筑的装饰性窗洞除了圆形以外,方形、八边形、宝石形、菱形等形状也较为多见,还有一些特殊形式的窗洞值得一提。凤鸣街164号,门廊一侧的窗洞上部呈三角形,内部以尖券形曲线分割,与门廊山墙面装饰性木构架形式相呼应(图2-39a);凤鸣街123号,三角形外凸窗是临街立面的主要造型元素,窗下板设计成倒锥形,造型独特(图2-39b);凤鸣街131号,这栋英国乡村风格的住宅在临街主立面山墙上有着外露木构架的典型特征,与之相呼应的是二层墙面上一扇哥特风格竖向带尖角的装饰窗,玻璃划分呈麦穗形式,颇有浪漫主义气息(图2-39c);凤鸣街128号,门廊部分开有5种不同形式的门窗洞,比例、造型都十分优美,并无违和感(图2-39d);凤鸣街109号,临街的建筑角窗极具艺术性,半圆形花窗沿角柱两侧呈垂直对称布置,窗套截面为拱形,由圆心发散形成分割,玻璃

图2-39 凤鸣街街区建筑
多样化的窗户形式
a: 凤鸣街164号尖券型窗
洞与划分
b: 凤鸣街123号倒锥形三
角凸窗
c: 凤鸣街131号哥特风格装
饰窗
d: 凤鸣街128号门廊处多
样的门窗形式

高度等分3份，中间采用透明玻璃，上下两块采用冰裂纹半透明玻璃（图2-40）。如此细节处理，比比皆是。作者在2017年出版的《大连凤鸣街历史街区风貌测绘与基础研究》一书中有详细的图文记述。

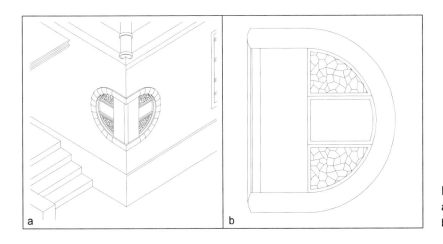

图2-40 凤鸣街109号角窗
a: 角窗所在位置与形态
b: 半月形窗立面图

凤鸣街历史街区建筑风貌有着特殊的时代特征和地域特征，并不是偶然产生的，是在西方历史主义等建筑思潮的深刻影响下，与东方传统建筑思想相融合的产物。总结来看，"和式洋风"的凤鸣街建筑风格成因有三，其一是欧美历史主义建筑思想的影响，其二是海外殖民城市的建设主张和居住需求，其三是留学欧美的日本建筑师所采用的折中主义创作风格。

以凤鸣街历史街区为载体的现代城市规划与建设思想无疑是当时的东北亚地区最为先进的，"和式洋风"的街道与建筑风格也为这个城市留下最为美好和无法磨灭的历史印记。

城市的迅速发展，给历史街区带来了前所未有的冲击。中国城市的近代历史街区产生的特定性包括历史阶段，社会文化和物质空间的结构关系。街区的物质要素历经长年老化，整体风貌已陈旧不堪，街区功能落后，面临保护与更新的一系列矛盾，这是城市发展与街区物质空间固化的时代性差异。

历史街区的保护基础就在于它所蕴含的稳定性和传承性，就如同基因，根植于自身的结构之中；对于历史街区的研究，不仅要从建筑的风格特点与风貌特色上进行描述，还要从空间本质和历史根源等方面，深入探究历史街区的内涵性结构特征，梳理稳定与变化的关系，对应传承与发展，以建立街区发展的结构性优化路径。历史街区还是民俗文化发生与传播的中心，能够集中体现城市的社会风俗与地方的文化特征，它不仅是历史性的空间，也是城市的生活单元，是城市结构的组成要素；城市中有生命力的街区是需要进行新陈代谢，需要发展与更新，需要空间与功能随时代进行更替与置换。所以历史街区的保护与更新的基础是各构成要素的结构关系研究，然后才能把握整体结构关系。而城市对于街区来说，是更具有整体意义上的优先重要性。任何事物组成部分的意义与性质，都不可能脱离于整体而独立存在，只有置于整体的系统网络之中，对组成部分的研究才有意义。

结构主义起源于语言学，后来成为分析语言、文化与社会结构的一种最常使用的、全面而系统的研究方法。结构主义的研究方法着重强调两个方面，整体性和共时性。本书接下来的章节就是基于结构主义的研究方法，对大连凤鸣街历史街区进行空间结构解析，从结构主义的群、序和拓扑三种结构关系入手，对历史街区进行整体性和共时性解析，试图透过形式表象，梳理空间的结构性关系，寻找一条历史街区保护与传承的新道路。

第三章　空间结构与结构主义

3.1　空间要素与空间结构

空间系统是由各种空间要素构成，空间要素也是空间系统中必不可少的因素和组成部分。作为空间系统的基本单元，空间要素具有层次性，相对于所在的系统而言是要素，即部分；而相对于组成它的次级要素而言则是系统，即整体。各个要素在系统中相互联系且按某种组织方式和规律形成一定的结构，不同的组织关系对系统的性质产生很大程度上的影响。要素与系统是部分与整体的关系。

英国著名建筑师和城市规划家 F・吉伯德（Fredderik Gibberd）说过："城市中，你所看到的一切都可以称之为要素。"对于历史街区空间而言亦是如此，作为一个空间系统，历史街区空间由各个不同层次的空间要素组合而成（图 3-1）。

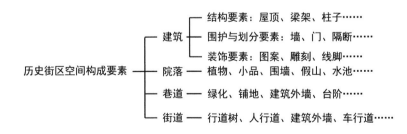

图 3-1　历史街区空间的构成要素

建筑是街区乃至整个城市空间最重要的构成要素，建筑的布局、组织方式以及形式对街区整体风貌有着重要的影响。然而，建筑创作中如果过分地强调建筑自身，而忽视了与街区和城市关系的整体性。

从长远的角度上看，必然会导致建筑与街区空间大环境的矛盾产生，从而造成街区空间消极、居民生活不和谐、交通秩序混乱等后果。对于街区空间的研究，必须要将各个空间要素看作是一个整体。

（1）形式的感知

历史街区中各个空间构成要素，无论是从形式还是风格风貌，都会引发人们特别的感受，传递特殊的意义。感受和意义的不同取决于主观和客观两种因素的共同作用。对既有特定的某个空间要素而言，人们对事物的主观认识与感知过程起主导作用。这种过程往往分为两个阶段，首先是感觉，然后是知觉。感觉是最简单的认识活动，与人的感觉器官有着密切联系。人们通过视觉、听觉、触觉、嗅觉等对事物外在形式、材质、大小、高低、颜色等各个方面产生了初步印象与了解；知觉则是一种相对复杂的认知活动，其中有着大脑的参与，能够对事物各个方面、各个层面的特质以及事物内部各个要素之间的组织关系进行认知，最终形成了对事物的评价和判断。[1] 如从现代化的城市空间进入历史街区空间后，独特的空间氛围、空间模式给人们带来的空间感受也大不相同，具体体现在街区中建筑的风格样式、街道尺度、建筑高度、街区的生活氛围等。

在历史街区空间的认识过程中，首先是对空间形式的感知。视觉在所有的感知方式之中是最为重要且直接的。然而，"人们通过视觉所产生的对事物形象的认识，并不是一种感性的机械复制，而是对现实中事物的一种自主性认知"，[2] 换句话说，人们对空间形式的感知是一个能动的认识过程，其中需要有主观分析和判断的参与。进一步而言，"视觉是对要素整体结构的感知，而并不是简单地对要素进行机械复制"，[3] 即空间形式的感知，应该包含人们对各个层次空间要素之间的组织关系的深层次观察和理解。"整体大于部分之和"，进而形成对街区空间的全面而深刻的认识。

大连凤鸣街历史街区至今已有近百年的历史，虽然街区中不少建筑已经破旧，院墙所划分的界限也模糊不清，但是从街区整体的大环境和所形成的统一氛围来看，单独某个建筑的形式如何已经不重要了。此时此刻，人们对凤鸣街历史街区的认识和理解需要源自

[1] 燕国才. 新编普通心理学概论 [M]. 北京：东方出版中心：1998.

[2] （美）鲁道夫·阿恩海姆. 艺术与视知觉 [M]. 滕守尧译. 成都：四川人民出版社. 1998.

[3] 同上

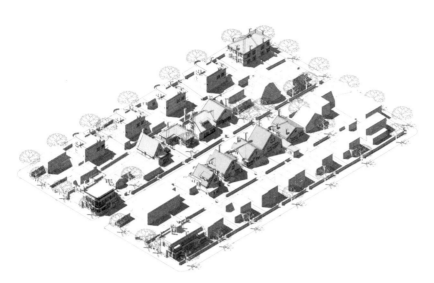

图 3-2　拥警街—正仁街地块轴测图

对街区整体空间的感知（图 3-2）。

其次，对街区空间内部深层次组织规律的认知，则是基于外在形式感知的前提之上，包括更深层次地对空间结构、空间形态、空间要素意义的理解和把握。这是一个主动的认知过程，同时，人们通过对街区空间的理解和判断，来指导自己在不同空间中的生活行为方式，从而形成某种较为稳定的行为和心理模式。

通过人对街区空间的认知过程的分析，可以看出，人们对街区空间的认知不仅仅是被动的接受街区空间中各构成要素的属性信息，除此之外还需要人的主动学习和理解过程。人的认知与街区空间之间是相互影响、相互关联的。对于某种特定的街区空间而言，不同人所产生的主观感受也会不同。人的主动认知在历史街区空间研究中显得尤为重要。[1]

（2）意义的传达

空间要素是构成空间系统的基本单元。因此，空间要素自身的特性，如风格样式、色彩、尺度、位置、等级高低等，都会对人的空间感受产生一定的影响。从符号学角度而言，要素即为一种符号，建筑作为城市空间中的构成要素同样可以看作是一种符号，分为"能指"和"所指"两个方面。能指可以看做是建筑要素的形式、风格风貌；所指则为建筑要素的内容。其内容包含很多层面，如建筑要

[1] 段进，季松，王海宁. 城镇空间解析——太湖流域古镇空间结构与形态 [M]. 北京：中国建筑工业出版社. 2002.

素的意义（政治、经济、社会等）、功能、空间结构、象征、纪念、美学价值等。建筑符号又分为图像符号（内容与形式的关系较为统一）、象征符号（内容与形式之间有着某种约定俗成的所指关系）、指示符号（内容与形式之间存在着本质上的因果关系）。[1]

历史街区空间中各构成要素的意义亦来自于要素的内容和形式两方面。不同的要素形式给人们的空间感受也不尽相同，主要体现在由于形式的差异产生的空间形制、色彩、秩序、节奏等方面的不同。内容的涵义则包括空间要素自身的功能、所在街区环境中的地位和作用、某种特殊的传统文化下所具有的约定俗成的意义。历史街区本身就是经过很长一段时间保留下来的传统文化遗迹，所以这里的空间要素的意义往往不仅仅局限于物质上的功能作用，而且还在精神层面上有着很多特殊的传统文化内涵，有些特别的空间要素的意义甚至远远大于其自身的功能作用。例如，建筑中的"门"，其最基本的功能就是将不同的空间分割开来，或者作为一个空间向另一个空间的过渡媒介。从拓扑学的角度而言，即一种结点空间。然而，门在很多情况下有着更为丰富的内涵，即为一种象征符号。门的形制、色彩、材料、装饰的差异是阶层、等级低位高低的象征。此时，门的延伸意义更为重要，相对于其基本的"连通"功能则显得"过于夸张"了。但是，由于历史传统文化的影响，其象征意义所引起形式上的变化在一定程度上也是恰当与合理的。简而言之，门的形式意义在这里要大于门的基本功能。同时，不仅仅是象征作用，门的形式的不同也可以给人不同的美学感受和空间体验。再如，建筑的屋脊，其基本功能是将屋顶两个方向的瓦片进行密封，以防止接缝处漏水。然而，屋脊的形式也丰富多样，并且具有着类似门的象征意义。

历史街区空间的意义，在于各个空间构成要素意义的综合。因此，在对历史街区空间进行研究的时候，不能将空间这一整体分解后再进行分别研究，而是要把街区空间看作一个有机的整体，因为个体空间要素只有在街区空间大环境中才能够传达出其应有的意义。无论是建筑空间还是整个街区空间，其意义并不是各个空间构

[1] 刘先觉.现代建筑理论[M].北京：中国建筑工业出版社.2008.

成要素意义的简单叠加，而是各个空间构成要素意义相互复合的综合体，人们对街区全面和系统的认知同样也来源于整体街区空间带来的复合感受。

不同空间构成要素对于街区整体空间而言，必然会存在主次、等级的差异。在街区空间中占有主导地位的要素，在很大程度上决定着一个街区空间的意义与特质，其他次要的空间构成要素则影响相对较弱。然而，空间要素的主次和所处的地位也不是绝对的。这其中存在着主观的选择问题，不同人对空间的认知所得到的结果也是不同的。即使对于相同的空间，不同人的感受也会截然不同。凯文·林奇在其《城市意象》一书中，选择了具有相似文化背景、生活阅历、生活方式的人去描绘城市环境的"认知地图"，以使调查的结果具有一定的参考价值。形式只有建立在主观认知和习惯的基础上才能充分得体现出其功能。空间构成要素意义的传达，需要基于相同的背景和生活方式之上。空间的意义也是建构在相似的心理模式基础之上，并通过空间中各个要素意义的集中传达从而产生约定俗成的行为方式。这也是促使历史街区形成某种特定的符号语言和风格风貌的重要因素。

人对环境的认知是一个动态发展的过程，与个人的主观因素有着很大的关联，包括人的经验、阅历、文化水平以及对环境进行主动认知的目的性等。从某种程度上而言，人的以往经验和阅历在对于新事物、新环境的理解和判断中起着基本的作用。另外，也不可以忽略人在进入到新环境时，对新事物的认知所持有的态度和目的，因为人的主观能动性在认知过程中也起着很大的影响作用。例如，对于大多数普通游客而言，历史街区给他们的印象或信息仅仅局限于风光特色、风土人情、休闲娱乐、当地特产等方面，少数游客也会对历史街区的历史溯源、名人轶事等较深层次的信息有所了解。而对于建筑和城市研究领域的专门学者或历史学家而言，他们所收获的信息无论是在深度上还是广度上都会远远超过其他人。这里不仅仅是因为他们作为专业人士对历史街区各个方面信息有着深入的了解，更是因为他们来到这里的目的和关注的层面与其他人不同，即一种主动的学习和认知过程。

历史街区空间由各个空间构成要素组成，要素之间的组织方式不同会导致空间形式的差异，从而产生了形式各异、变化丰富的街区空间。空间构成要素的组织方式，即各个空间构成要素通过某种规律和秩序相互组织构成空间整体的各种关系，称之为空间结构（图3-3）。

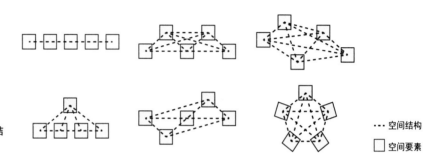

图3-3 空间要素与空间结构的关系

··· 空间结构
□ 空间要素

3.2 结构主义与空间结构解析

任何一个系统、一个整体或一个集合都具有自身的结构。历史街区空间作为一个系统，也有其独特的结构。国内外关于事物结构的研究方法多种多样，其中，起源于法国的结构主义（Structuralism）作为西方当代著名社会思潮与方法论，对事物结构的研究尤为全面和深入。

（1）结构主义和"结构"

结构主义起源于20世纪60年代初的法国，是当时西方世界最为流行的分析语言、文化与社会结构的研究方法之一。结构主义并不是一个可以清晰界定的思想流派，而是基于索绪尔（Ferdinand de Saussure）语言学的一种方法论，是一种全面而系统的研究方法。和历史上任何一个文化思潮一样，结构主义的发展与影响也是非常复杂的，其所涉及的研究领域也是非常广泛的。从广义上而言，结构主义试图探索出一个社会现象，或某种文化内涵是经过如何的组织方式（即结构）被人们所理解并接受。

根据结构理论，结构主义方法论有两个基本特征：

首先是对"整体性"的强调。结构主义认为，整体相对于部分来说，在逻辑上具有优先的重要性。因为任何事物都是一个复杂的有机整体，所以任何构成这一事物整体的组成部分的意义与性质都不可能脱离于整体而独立存在，组成部分只有置于整体的系统网络之中，即将部分与部分、部分与整体之间相互关联起来才能够被人们所理解。正如霍克斯（Terence Hawkcs）所说："在任何情境里，一种因素的本质就其本身而言是没有意义的，它的意义事实上由它和既定情境中的其他因素之间的关系所决定。"[1] 再如索绪尔认为，"语言既是一个系统，它的各项要素都有连带关系，而且其中每项要素的价值都只能是因为有其他各项要素同时存在的结果。"他认为对语言学的研究就应当从整体性、系统性的观点出发，而不应当离开特定的符号系统去研究孤立的词。列维·斯特劳斯同样认为，社会生活是由经济、技术、政治、法律、伦理、宗教等各方面因素构成的一个有意义的复杂整体，其中某一方面除非与其他联系起来考虑，否则便不能得到理解，其本身也没有现实意义。

因此，结构主义坚持认为，如果要准确、全面地理解某个整体，必须从构成整体的各个要素出发，分析存在于各个构成要素之间的组织关系。结构主义方法论的首要原则和本质特征在于，它的研究所强调的是联结各个要素之间关系的复杂网络，而并不是一个个孤立于整体而存在的各个要素。这一点，和克里斯托弗·亚历山大所认为的"城市并非树形，而是网状"有着异曲同工之处。

其次是对"共时性"的强调。强调共时性的研究方法，是索绪尔对语言学研究的一个有意义的贡献。索绪尔指出："共时'现象'和历时'现象'毫无共同之处：一个是同时要素间的关系，一个是一个要素在时间上代替另一个要素，是一种事件。"索绪尔认为，既然语言是一个符号系统，系统内部各要素之间的关系是相互联系、同时并存的，因此作为符号系统的语言是共时性的。至于一种语言的历史，也可以看作是在一个相互作用的系统内部诸成分的序列。于是索绪尔提出一种与共时性的语言系统相适应的共时性研究方

[1]（英）特伦斯·霍克斯著、瞿铁鹏译《结构主义和符号学．》，上海译文出版社．1987．

法，即对系统内同时存在的各成分之间的关系，特别是它们同整个系统的关系进行研究的方法。在索绪尔的语言学中，共时性和整体观、系统观是相一致的，因此共时性的研究方法是整体观和系统观的必然延伸。

结构主义对结构的定义是结构主义思潮的基础，其内容也是丰富多样的，但是它们都强调共同的一点：结构是事物要素间的关系，这种关系是各要素本身存在和具有意义的基础。这是结构主义的第一原则，即"在任何既定情境中，一种因素的本质就其本身而言是没有意义的。它的意义事实上由它和既定情境中其他因素之间的关系所决定"。结构主义代表人物之一皮亚杰（Jean Piaget）遵循这一基本原则，对"结构"进行了较为全面的定义："结构是一种由种种转换规律组成的体系，人们可以在一些实体的排列组合中观察到结构,这种排列组合体现下列基本概念:（1）整体性;（2）转换性;（3）自我调节性。"

"所谓整体性，是指内在的连贯性。结构的组成部分受一整套内在规律支配，这套规律决定着结构的性质和结构各部分的性质。"[1]这实际上强调了事物结构的内部要素是有机联系在一起，而非孤立的混杂，是"整体大于部分之和"，这也是一般人对结构的认识和理解。

"所谓转换性，是指结构不是静态的。支配结构的规律活动者，使结构不仅形成结构，而且还起构成作用。结构具有转换的程序，借助这些程序，不断地整理加工新的材料。"[2]转换性在强调了结构动态性的同时，更指出了结构的能动构造功能。

"所谓自调性，是指各种成分和部分联合起来所出现的系统闭合，达到平衡而产生的自我调节。"[3]自调性说明了结构是相对封闭的和自由自足的，更是一种自稳的系统。

按照结构主义对结构的定义，历史街区空间作为城市中的空间系统，它的结构不但是各种空间要素之间的关系的组合，而且这些关系本身还是统一的、相互关联的、自稳自组的、动态发展的整体。

（2）三种数学结构原型——"群"、"序"、"拓扑"

皮亚杰在对数学结构的研究过程中，发现了三种"母结构"，

[1] （英）特伦斯·霍克斯.结构主义和符号学[M].瞿铁鹏译.上海：上海译文出版社.1987.
[2] 同上
[3] 徐崇温.结构主义与后结构主义[M].沈阳：辽宁人民出版社.1986.

并且认为它们之间是再也不能合并了。首先是各种代数结构，代数结构的原型就是群（Groups）；其次，是研究关系的各种次序结构，它的结构原型是序（Lattice）；最后，是研究各种邻接性、连通性和界限的结构，原型是拓扑（Topology）。[1] 这样三种结构原型（母结构）就是：群、序、拓扑。

母结构的出现，标志着数学系统中的种种分支可归结三种最基本的关系：排列组合、次序、邻接与连续，实际上是从横向共时性、纵向历时性、拓扑变换性等三个方面对数学结构进行了全面整体的抽象。

历史街区空间是各个空间要素之间组织构成整体的各种关系，通过对大连凤鸣街历史街区空间的调查研究，发现这些关系包括空间要素在空间位置上排列组合的构成关系，空间的主次、空间序列，以及空间连接上的连通包含关系；简单地说，就是空间各要素之间的构成、次序、连通三种最基本的关系。对这三种关系进行抽象即可发现三种空间结构原型。

由于关系的本质是一致的，这三种空间结构的模式与数学母结构存在着相同或相似之处。如果将两者进行对位，利用数学简洁精确、抽象概括的特性，再加上结构主义方法论的思路，将有助于本书对大连凤鸣街历史街区空间结构进行直接深入的解析，本书将借用"群"、"序"、"拓扑"三种数学结构原型对大连凤鸣街历史街区的三种基本空间模式展开研究。

由此，空间结构研究所关注的重点不再是空间要素本身，而是各要素之间的各种关系。"群"、"序"、"拓扑"既不是空间的物质和非物质要素，也不是要素的集合，而是空间结构的三种原型。简单的说，就是各种要素之间关系的三种原始模式（即组织方式）。

（3）空间结构的解析方法

在整体、系统、比较、发展的观念下，借用三种数学结构原型的特性对大连凤鸣街历史街区的群结构空间、序结构空间、拓扑结构空间依次进行解析（图3-4）。

首先是群结构空间的分析：根据三种基本的要素构成关系，从

[1]（瑞士）J·皮亚杰.结构主义 [M].倪连生，王琳译.商务印书馆.1984.

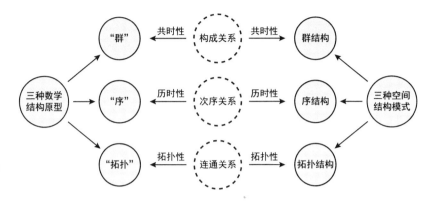

图 3-4 空间结构的解析方法图示

等级、并列、链结三种关系入手进行具体分析，同时，三种关系与历史街区的地块（面）、沿街（线）、结点（点）三种空间产生一一对应的关系，三种关系的复合与三种空间复合分别组成历史街区空间的结构（复合群）和物质空间形态。其分析过程，将立足于空间要素横向平行的同一性和共时性关系。

然后，在序结构空间的分析中，分住宅、街巷以及街区整体三个层次，从局部到整体具体地分析空间序列、空间等级两种主要的次序现象，力图揭示历史街区空间要素之间的先后、主次、位序等关系。相对于群结构空间，其分析的基础是纵向垂直的比较性和历时性关系。

最后，是有关拓扑结构空间的分析，以各种拓扑概念为基础，从拓扑描述、拓扑同构性两个方面逐次递进地分析连通、邻近、包含、相似等拓扑关系。

三种结构原型的分析是逐层递进的关系。其中，群结构的分析是后两种原型的基础，序结构的分析是群结构的拓展，而拓扑结构的分析是从前两者的具象上升到抽象，将三种原型统一起来。

人类活动产生的前提是人和行为在空间和时间上的集中与同步，然而怎么样的活动才能够得以长足的发展则更为重要。空间仅仅用来方便人们进出是完全不够的，还必须尽可能地为人们在此活动、交往、停留、娱乐等社会行为提供最好的条件。[1] 结构主义方法论强调的是物质系统的整体性和共时性，认为任何事物都是由各

[1]（丹麦）扬·盖尔.交往与空间 [M].何人可译.北京：中国建筑工业出版社.2002.

个不同的构成要素组成，各个要素之间相互影响、相互转换最终形成一个自稳自组、复杂的有机整体。结构主义所总结出来的三种数学结构原型——群、序、拓扑，即是对物质系统全面整体研究的本质体现。

　　本章主要是对结构主义相关概念以及方法论的论述，作为对凤鸣街历史街区空间结构进行解析的理论支撑，接下来将对"群结构空间"、"序结构空间"、"拓扑结构空间"的概念、内容以及特性展开详细论述。

第四章　凤鸣街历史街区的群结构空间

4.1 "群"的定义和"群公理"

在数学中,"群"是一种代数结构,也是抽象数学的重要概念之一。它由一个二元运算和一个集合所组成。一个系统是由其内部各个基本要素组成的,这些要素之间的构成关系即为结构。根据结构主义关于结构共时性的观点来看,各组成要素之间的关系首先是横向性的排列组合构成关系。这种构成关系的抽象就是系统最基本的结构原型:"群"。换句话说,一个系统中各个要素之间相互关联组成整体的构成关系就是群。

一个群必须满足一些被称为"群公理"的条件(即群的特性),也就是封闭性、单位元、逆元和结合律。很多人们熟悉的数学结构都遵从这些公理,例如整数加法运算就形成了一个整数群。如果将群公理的公式从具体的群和其运算中抽象出来,就使得人们可以用灵活的方式来处理起源于抽象代数或其他许多数学分支的实体,而同时保留对象的本质结构性质。揭示一个系统中各要素之间最本质的构成关系。最常见也是最基本的群——整数群,可以用四个公式表达:"$a+b=n; a+0=0+a=a; a+b=b+a=0;(a+b)+c=a+(b+c)$",这里面包含了上文提到的四种群公理:

封闭性:对于任何两个整数 a 和 b,它们的和 n 也是整数。简单来说,就是任何两个整数相加,它们所得到的和一定是整数。这个性质叫做在加法下封闭。

单位元:对于任何整数 a,与 0 相加后仍然得到相同的整数 a。

在这里 0 就叫做加法的单位元。它所表现出来的是一种同一性本质，是群中各个要素统一的基础。

逆元：对于任何整数 a，都存在另一个整数 b 使得两者相加结果为 0。这里的整数 b 就叫做整数 a 的逆元。它所表现出来的是一种可逆性、不矛盾性。

结合律：对于任何整数 a，b 和 c，通过不同的交换结合方式相加所得到的结果是相等的。这个性质叫做结合律，即：多重非线性相关。

这四个公式以及它们所体现出来的四种特性清晰而准确地表达了一个整数群的所有结构。[1] 因此著名的结构主义学者皮亚杰（Jean Piaget）对群结构推崇备至，并称"群可能被看作是各种结构的原型"[2]。群同时也是结构转化的基本工具。这种转化作用不是一下子改变一切，而是每一次都至少与一个不变量相联系。例如，以几何图形的一步步变化为例（图 4-1），几何图形结构转化的同时也使得它们之间发生了联系。

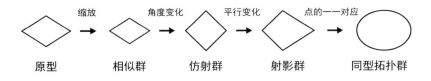

缩放 → 角度变化 → 平行变化 → 点的一一对应

原型　　相似群　　仿射群　　射影群　　同型拓扑群

图 4-1　几何图形群的转化图示

群的这些特性，充分地体现了结构主义的三个基本原则："不矛盾律、同一律、和目的不因通过的手段而改变"。对于一个历史街区而言，它作为城市中相对独立而稳定的空间系统，之所以能在历史发展当中一直保持着强烈的整体感和同一性，正是因为那些组成历史街区整体空间的各个要素之间的布局构成关系具有类似群的这些特性。

因此，如果将"群"结构和历史街区空间结构一一对应，将其抽象为历史街区空间的最基本结构原型。运用群结构的特性和规律来解析历史街区空间结构，会从根本上更深入地掌握历史街区空间结构中各个组成要素之间构成关系的本质和规律。在这里，本书把

[1] （瑞士）J·皮亚杰.结构主义 [M].倪连生，王琳译.北京：商务印书馆.1984.

[2] 同上

凤鸣街历史街区中具有类似"群"特性的空间称为"群空间"。

4.2　凤鸣街历史街区的群空间及其分类

结构主义认为，系统内各要素之间的关系首先是静态上的构成关系，可以总结为三类：逐级构成、并列组合、链接依附。

例如，B 和 C 是构成系统 A 的两个基本要素，而 B、C 又分别由两个次一级的要素 B_1、B_2 和 C_1、C_2 组成（图 4-2），这样，从 A 到 B 再到 B_1、B_2（或 A 到 C 再到 C_1、C_2）的递进组合形成了逐级构成关系；而其中 B_1、B_2 在逐级向上构成的 B 的同时，两者之间形成了并列组合的构成关系（同理 C_1、C_2 和 B、C 的关系亦然）。另外，B_1 与 B_2 之间通过要素 D_1 的链结产生了更为紧密的构成关系，三者时间相互依附，则 D_1 与 B_1、B_2 之间形成了同层次横向的链接依附的构成关系（同理，D_2 与 B_2 和 C 形成了异层次纵向的链接依附的构成关系）。这三种关系完整而清晰地体现了一个系统在静态共时性上的所有构成关系。

历史街区作为城市中一个的空间系统，包含许多物质要素，如建筑、院落、巷道、街道、广场、围墙、树木等。从共时性上看，这些要素之间是按照种种不同的构成关系在空间上排列组合从而形成了历史街区丰富的空间结构。因此，历史街区空间结构最基本的原型就是体现构成关系的"群"结构。如图 4-2 中系统 A 一样，历史街区空间系统中同样具有三种构成关系：异层次要素之间的逐级构成关系，同层次要素之间的并列构成关系，以及异层次或同层次要素之间的链结依附的构成关系。这三种构成关系对应着群的三个种类，即三种结构模式——等级群、并列群、链结群。

大连凤鸣街历史街区中以"等级群"为原型的空间是"等级群空间"、以"并列群"为原型的空间是"并列群空间"以及以"链

图 4-2　系统结构三种构成关系图示

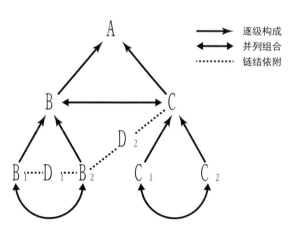

结群"为原型的空间是"链结群空间"。对于这三种群空间的具体
分析，揭示了凤鸣街历史街区空间中各组成要素在无先后、无主次
的情况下，以横向共时性、同一性为基础的非线性多重网式相关的
构成关系。

（1）等级群空间

1）等级群空间的定义与特性

等级群：历史街区空间中各要素间在不同层次上存在由小到大、
由简到繁逐级递进的构成关系，这种构成关系的结构原型称为等级
群（这里的"等级"指的是构成关系中无主次、无先后的以共时性
为前提的层次性）。

凤鸣街历史街区是近代大连日本殖民时期建造的以独栋住宅和
集合住宅为主的居住社区，街区内同时也有一些公共建筑，比如邮
局、茶楼、会社等。从建筑形制上看，这些建筑属于日本近现代建
筑中具有传统和式风格住宅与西式风格住宅相结合的"和式洋风"
建筑。但是建筑的内部空间及功能布局依旧保持传统和式住宅样式，
由玄关、厨房、仓库或书房、卫生间、卧室、锅炉房等"间"空间
构成（图4-3）。

图4-3 和式住宅中的"间"
空间

凤鸣街历史街区空间具有十分明显的逐级构成关系。整个街区最基本的构成单元就是形成这一栋栋独立住宅的"间"空间。"间"空间经过自身转化及组合形成了"宅"空间、"宅"空间通过与围墙的组合进而形成宅院空间、宅院空间进行组合形成院落空间、院落空间组合形成地块空间、地块空间进行组合最后形成了整个街区空间。因此，"间"—"宅"—宅院—院落—地块—街区，这一系列逐级构成的空间要素的结构原型就是等级群。

2）凤鸣街历史街区等级群空间的逐级构成要素

"间"空间：最基本构成要素。凤鸣街历史街区中的"间"空间布局灵活、自由，整体呈"田"字形结构，南北走向。"间"与"间"通过一种类似隔断的推拉式"障子"划分及联系（图4-4）。延续了日本传统和式建筑非对称、讲究自然布局以及既封闭又连通的特点。与中国传统合院建筑中讲求对称与等级高低"一明两暗"的"间"、"厢"空间有所不同。

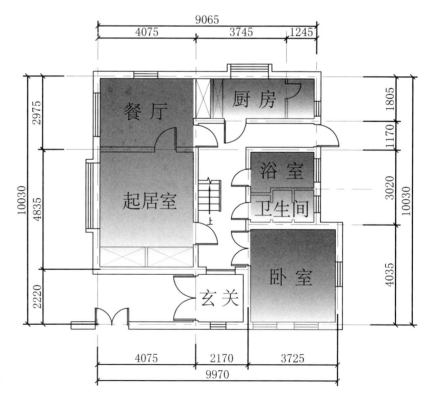

图4-4 "间"空间构成图示

　　"宅"空间：街区中的建筑空间要素，简单地说，街区内每个住宅所形成的空间。街区中的住宅通过"间"的不同组合方式基本上分为三种类型：一栋一户的独立式住宅、一栋两户的并立式住宅，以及一栋多户的集合式住宅。整个街区建筑以二层为主，也有为数不多的三层建筑，这些三层建筑基本是由住宅的形制发展而来的具有公建属性的建筑。整体式和并立式住宅通常设有单独的玄关、厨房、卫生间、浴室。

　　宅院空间：由"宅"空间的转化以及与低矮围墙的组合而形成。常见的有"口"、"L"以及"凹"三种形式（图4-5）。属于半私密半公共的居住空间单元。凤鸣街历史街区中的宅院空间以"口"和"凹"形式为主，空间的划分是以四周的围墙和建筑间的宅间巷道划分。"L"型宅院空间一般是以偏向一侧的围墙和相邻建筑的山墙来划分，通常出现在相邻建筑之间的楼间距相对较近，建筑密度相对较大的情况下。根据住宅的使用功能以及入口方位，宅院也有前后院之分。

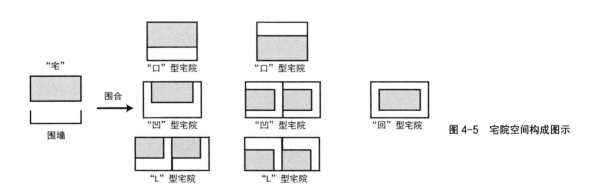

图4-5　宅院空间构成图示

　　院落空间：通过宅院空间按某一轴线进行纵向的套接和横向的拼接组成（以"口"型宅院为图例）（图4-6）。凤鸣街历史街区的院落空间丰富多样。整个街区南北两侧均由前院和后院进行纵向的套接形成2到4进院落(由凤鸣街划分每个地块的南北两侧)。每个地块中的两侧临街区域通常以3或4进院落为主，再向内部进行横向拼接，宅院空间不断放大，逐渐转化为2或3进院落。

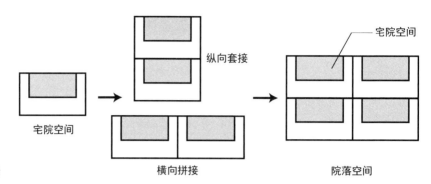

图 4-6　院落空间构成图示

　　地块空间：由多个院落沿着街道的方向平行构成。凤鸣街历史街区分为 9 个地块。每个地块以凤鸣街为中轴线分布在其两侧，再由垂直于凤鸣街道的其他的城市道路划分。由于道路的肌理不同，每个地块的大小也不尽相同（图 4-7）。

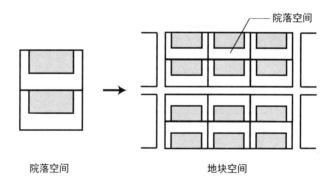

图 4-7　地块空间构成图示

　　街区空间：地块空间通过道路交通系统的组织所构成的街区整体空间（图 4-8）。凤鸣街历史街区由纵向的 10 个城市道路和横向的凤鸣街、新华街、高尔基路 3 个城市道路垂直相交，形成 9 个布局规整的地块（自西向东分别编号 1 ~ 9 号地）。每个地块大小差异不大，整体上呈线性的方格网布局（图 4-9）。

　　因此，整个凤鸣街历史街区空间由最基本的构成要素"间"空间，经过一系列逐级构成的空间要素层层递进组合，最后形成了一个相对独立稳定的空间系统——街区空间主体，它的结构原型就是体现系统内最基本层次构成关系的等级群。

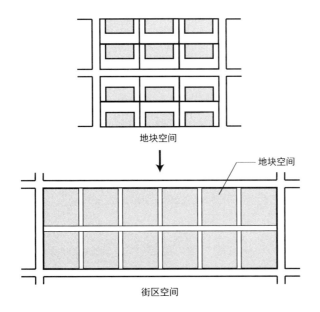

地块空间

地块空间

街区空间

图 4-8 街区空间构成图示

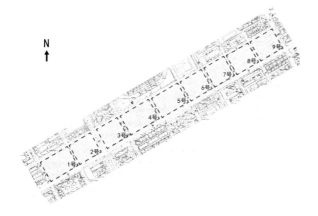

N

9号
8号
7号
6号
5号
4号
3号
2号
1号

**图 4-9 凤鸣街历史街区的
9 个地块空间图示**

3) 等级群空间的分类

大连凤鸣街历史街区中每个地块肌理都不尽相同, 内部空间也丰富多样。有的地块空间结构紧密、布局清晰, 有的地块空间结构较为松散、空间关系复杂。究其根本是因为其等级群空间的构成方式不同, 可以总结为两种类型: 单向等级群空间和双向等级群空间。

单向等级群空间: 各构成要素之间按照严格的层层递进纵向逐级构成的方式向上组合成整体。其特点是空间结构肌理清晰, 各级构成要素层次较分明、布局规整。这样的等级群空间反应在街区空间上具有交通便利、整体空间较为统一、方便管理、防火疏散好等特点；但是空间缺乏变化、景观较为单调（图4-10）。（在研究整个街区中空间要素逐级构成时，"间"空间和"宅"空间可以进行相互转化，因此本章将"间"空间和"宅"空间统一为"间"空间）

双向等级群空间：在纵向逐级构成的同时还有横向的并置构成方式。例如宅院空间，不仅是院落空间的次一级构成要素，同时还是地块空间的次一级构成要素，宅院空间与院落空间不但是逐级构成关系，而且还是并置构成关系（同理"间"空间和宅院空间也存在并置构成关系）（图4-11）。

在凤鸣街历史街区中，从地块空间到街区空间这一级层次明显，普遍存在于整个街区。而从地块空间向下逐级构成的时候，会出现纵向和横向两个方向的构成模式。简而言之，我们可以理解为一种"越级"的递进构成方式。双向等级群空间结构较为复杂，各级构成要素层次较模糊、布局灵活自由、空间景观变化丰富；但是交通曲折不便、不利于防火及疏散。

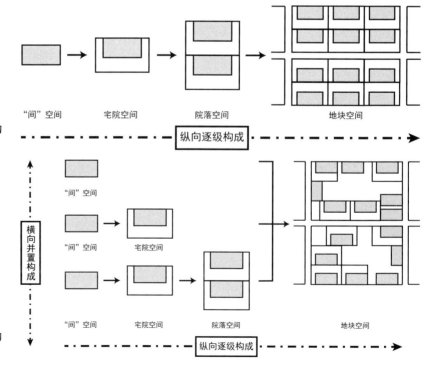

图4-10 单向等级群空间构成图示

图4-11 双向等级群空间构成关系

4）凤鸣街历史街区等级群空间分析

为了更全面、具体地了解大连凤鸣街历史街区的等级群空间，接下来将对街区中自西向东的9个地块空间进行分析（表4-1-表4-3），根据每个地块空间的逐级构成关系将其等级群空间进行分类。

大连凤鸣街历史街区 1-3 号地块空间构成图示　　　　表 4-1

地块空间构成图示		
地块编号	1 号地块	2 号地块	3 号地块

大连凤鸣街历史街区 4-6 号地块空间构成图示　　　　表 4-2

地块空间构成图示		
地块编号	4 号地块	5 号地块	6 号地块

大连凤鸣街历史街区 7-9 号地块空间构成图示　　　　表 4-3

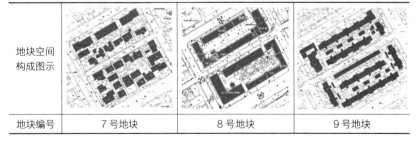

地块空间构成图示		
地块编号	7 号地块	8 号地块	9 号地块

8号地和9号地在整体空间结构上与其他地块有很大不同。其中，由于街道、交通以及其特殊的位置关系的影响，8号地块如今已经全部为多层的新建住宅，最初的近代住宅建筑没有保留下来（具体将在下文并列群空间进行详细分析）。9号地块上的住宅建筑受到

后来城市发展建设的影响也比较大，但是由于其本身就是多层的集合式公寓，因此保留相对较完整。

凤鸣街历史街区中每个地块都包括这两个等级群空间。经过对街区整体空间的调研发现，其中，1、2、4、6 号地块空间结构较为清晰、建筑布局比较规整，以单向等级群空间为主。

以 4 号地块为例，整个地块主体空间基本上是由凤鸣街南侧的 4 个院落和北侧的 5 个院落组成，这 9 个院落均为 2 或 3 进，以平行于凤鸣街的方向依次排列；空间统一、脉络清晰、交通网络经纬分明；由"间"空间到地块空间的单向逐级构成关系明确，单向等级群空间特征最为明显（图 4-12、图 4-13）。

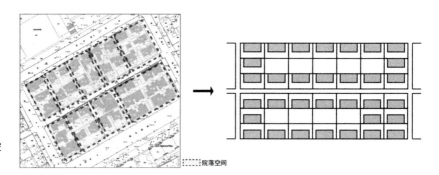

图 4-12　4 号地块等级群空间构成图示

⫶⫶⫶ 院落空间

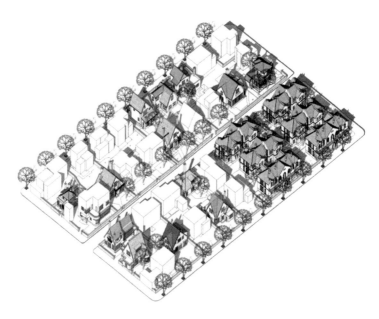

图 4-13　4 号地块空间轴测图（模型）

再如其他几个地块，虽然有些宅院空间和院落空间的形式发生了一定的改变，但是从整体上来说仍然是由"间"—宅院—院落—地块的逐级构成方式为主，最终由若干个院落空间组成，因此也是单向等级群空间为主。

双向等级群空间以 3、5、7 号地块为代表。其中 7 号地块特征最为明显，在以纵向逐级构成为基础的同时，各等级构成要素之间还存在横向的并置构成关系。7 号地块中，存在多个单独的"间"空间，即这些住宅没有自家独立的宅院，它们通过宅间的巷道和宅后的公共用地与其他宅院空间以及院落空间并置构成；同时宅院空间布局较为自由，与院落空间的层次较为模糊。整个地块内巷道复杂、曲折、分支及盲端较多，几乎没有能够贯穿整个地块的巷道，因此会出现之前提到的"越级"构成的情况。几个层次空间要素在单向逐级构成的同时并置组合在一起，结构变化复杂，是一种典型的双向等级群空间（图 4-14、图 4-15）。

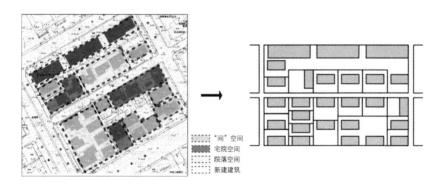

图例：
"间"空间
宅院空间
院落空间
新建建筑

图 4-14 7 号地块等级群空间构成图示

5）等级群空间的转化

经过对凤鸣街历史街区的测绘调研工作发现，就街区整体的等级构成关系而言，街区空间以单向等级群空间为主，空间层次较为清晰，布局规整，结构比较统一。

同时还发现每个地块内都存在单向等级群空间向双向等级群空间转化的现象，因此有的地块空间转化成以双向等级群空间为主（正如上文提到的 3、5、7 号地），有的地块两者并重。经过分析得出

图 4-15　7 号地块空间轴测图（模型）

主要原因有以下两点：

（a）住宅居住情况发生改变：凤鸣街自 20 世纪初规划建成至今已近百年历史，居住人群发生了很大改变，人们的生活方式以及对住宅功能、空间环境等的需求也发生了改变，尤其在进入 21 世纪后，随着社会发展的大幅度进步，城市人口增多、土地价格提高、人们生活质量提高等因素对住宅的居住情况产生了一定的影响，例如原本一栋一户的独居变成了一栋多户合住的情况，原本的宅院或院落已无法满足人们对卫生、安全、防火疏散等方面的要求，因此出现了一些加建或改建的情况，导致了街区等级构成关系的改变。这是等级群空间转变的最基本原因（图 4-16、图 4-17）。

（b）住宅使用性质发生改变：表现为过去只作为居住功能的住宅建筑，现在转变为具有商业属性的公共建筑。例如在地块两侧或街角处的原有住宅，现在由于其独特的商业价值优势而转变为一些饭店、茶室、书屋、便利店等商业建筑。住宅的使用性质发生改变势必导致街区空间结构的改变。例如，茶室和室外花园、饭店扩大使用空间等都会造成街区原有空间结构的改变。（图 4-18、图 4-19）

图 4-16　凤鸣街 160 号（一号地）

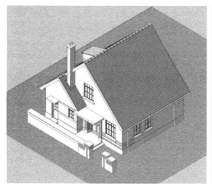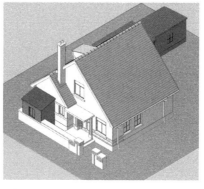

图 4-17　凤鸣街 160 号加建情况图示

　　总结这两点因素造成的空间结构的变化，具体表现为：原有建筑的改建增建、巷道空间以及院落的重组等，这些现象从表面上看是街区空间各层次构成要素的相互转化（间空间、宅院空间、院落空间），而实质上正是街区空间结构的等级群空间的转化。

　　街区单向等级群空间向双向等级群空间的转化以及街区原本存在的双向等级群空间，使区空间结构趋于复杂化、多样化，体现了群结构"目的不因通过的手段而改变"的特性，这是街区空间系统内部不断调节、不断发展，进而适应及满足新时代环境所不可避

图 4-18　民运街 34 号（4 号地）

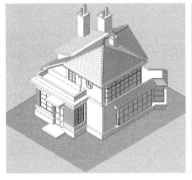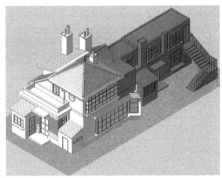

图 4-19　民运街 34 号加建情况图示（使用性质发生改变）

免的过程。这种现象也出现在国内城市许多相类似的历史街区中。但是，如果转化过程完全靠个人住户根据自身的需求随意改建增减、破墙开院而缺乏整体系统的设计与规划，往往会导致街区空间结构的混乱。从而引发一系列问题，例如，院落空间层次的消失会导致原本邻里关系的弱化、随意搭建改建甚至会引起邻里纠纷、巷道空间的曲折、复杂也会带来各种安全及管理问题。

因此，研究及分析街区等级群空间的分布、数量，及其转化情况对理解和掌握街区总体空间结构的品质和特点有着重要的意义。

大连凤鸣街历史街区虽然每个地块都或多或少存在双向等级子群空间，但是整体上仍然以单向等级群空间为主，单向向双向等级群空间的转化相对占少数。从而可以看出，凤鸣街历史街区的空间结构层次分明、空间相对稳定和统一，基本保持着最初的规划设计意图。

（2）并列群空间

1）并列群空间

并列群：历史街区空间中各要素间不仅在不同层次上存在由小到大、由简到繁逐级递进的构成关系，而且在同层次上还存在着平行并置的构成关系，这种构成关系的结构原型称为并列群。

大连凤鸣街历史街区是以凤鸣街为中轴线，东西走向呈线性布局的住宅社区。住宅建筑分布在凤鸣街南北两侧，北至新华街，南到高尔基路，东起纪念街，西至拥警街，整个街区共分为 9 个地块（图4-20）。

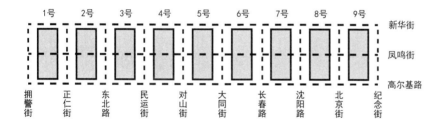

图 4-20　凤鸣街历史街区平面示意图

2）并列群空间的分类与特性

凤鸣街历史街区位于城市的中心位置与繁华区域，顺延着城市道路呈独特的线性空间肌理，这不同于由"间"到地块再到街区逐级形成的"块面体系"，而是产生一种线型动势。它的形成和突出是由于横向的街、房两种空间要素——横向并列群空间（图4-21）和纵向的街、房两种空间要素——纵向并列群空间（图4-22），沿着同一轴线的并行重复。很明显，这种空间结构模式不同于等级群空间的逐级构成模式，而是街道与沿街住宅空间之间的平行并置的构成模式。

并列群落实到具体的街区空间中，指的是街道与沿街住宅空间这两个线性空间要素之间的并列构成关系。与地块内部的住宅空间

图 4-21 横向并列群空间
构成图示（左）

图 4-22 纵向并列群空间
构成图示（右）

图 4-23 新华街 113 号，
三层底层作为商业用途。

图 4-24 凤鸣街 100-108
号，一栋 8 户。

不同，沿街住宅空间因其交通便利、可识别度高、公共性开放等原因成为行人往来交际频繁之所。因此，沿街住宅空间常常会演变为独特的商业空间。住宅建筑在这里很多都转变为商业用途（图4-23），或者一些类似现在的公寓式的集合住宅（图4-24）。并列群空间的基本功能是强调、串联、接续、延伸和包容空间轴线上各分散的"点"，使它们相互关联，同时也是整个历史街区空间的主要展示面。

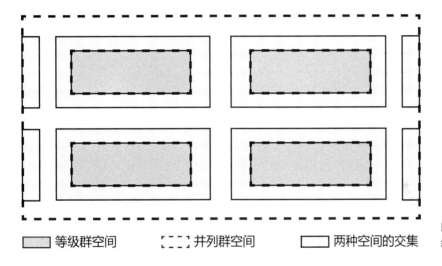

■ 等级群空间　┆┄┆并列群空间　□ 两种空间的交集

图 4-25　并列群空间与等级群空间的关系图示。

（3）并列群空间与等级群空间的关系（图 4-25）

首先，等级群空间以并列群空间为分界线。正如凤鸣街历史街区的 9 个地块空间，就是以横向和纵向的街道为边界进行划分的。

其次，沿街住宅空间是等级群空间和并列群空间的分界面，同时又是两者不可分割的构成要素，因此受到两种群空间的共同影响。其在布局和形制上也容易产生相应的变化，并且与地块内部等级群空间的住宅空间结构模式与功能属性有所不同。当并列群的影响处于主导地位时，沿街住宅空间更多地表现为商业性或公共性的一面，住宅形式也常由普通的住宅转变为底层是店铺上面是住宅的复合形式；当等级群占优时，沿街住宅空间更多地表现为生活性或私密性的一面，住宅空间变化较小，与地块内部的住宅结构模式较统一。

虽然沿街住宅空间构成要素不多，也没有等级群空间那样层次分明，空间以几条线型空间为主，但是空间的变化是多样的，它所体现的是对某个方向或某条轴线的强化作用。也正是并列群空间的存在，才有了街巷空间的空间序列。并列群空间顺延着街道一步步演化，与等级群空间所代表的院落空间交错复合，最终形成了整个历史街区空间之序，这一部分将在第五章序结构空间分析中进行阐述。

（4）并列群空间的立面形式

并列群空间是历史街区的主要展示面。在大连凤鸣街历史街区中，并列群空间的立面形式也丰富多样 。这些形式各样的立面形式不但直观地体现了并列群空间线型并置的特点，而且通过立面形式的比较还能发现并列群空间和等级群空间相互作用、相互影响的规律。下面对每个地块中具有代表性的并列群空间的沿街立面形式进行举例说明（8号和9号地块由于是新建建筑，这里不做详细说明）。（表4-4）

并列群空间的立面形式　　　　　　　　　　　表 4-4

新华街 132 号 （1 号地）			
凤鸣街 129 号 （2 号地）			
凤鸣街 130 号 （3 号地）			

续表

民运街34号（4号地）		
大同街185号（5号地）		
长春路233号（6号地）		
凤鸣街39号（7号地）		

在并列群空间的研究中，我们所分析的是街道和沿街住宅空间这两种呈线型并列关系的构成要素间相互影响的关系。这里我们举出的沿街住宅例子都是每个地块里中间部分只受并列群空间影响的沿街住宅。但是，对于沿街住宅空间而言，还存在着另外一种形式，就是在地块转角部分同时面临两条街道的地块角部的住宅空间（图4-26）。

角部沿街住宅空间不仅具备普通沿街住宅空间的特点，而且由于还额外受到链结群空间所影响，和一般的沿街住宅空间以及地块内部普通的住宅空间存在更大的差别，具体将在下一节链结群空间做详细分析。

（5）链结群空间

1）链结群的定义及特性

链结群：系统中，两种或两种以上的构成要素之间通过某种要

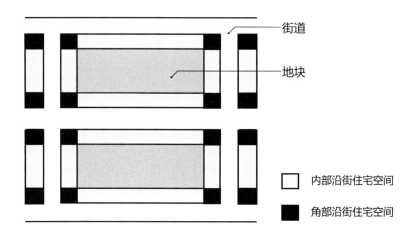

图 4-26 两种沿街住宅空间图示

素联系在一起，相互影响构成整体，同时这些要素间还存在相互依附和被依附的关系。

大连凤鸣街历史街区在空间形态上除了以地块空间为代表的"块面"的群结构空间以及沿街住宅和街道为代表的"线"型的并列群结构空间，同时还存在大量的相对独立又相互渗透的"点"状空间。我们把具有这种相互依附，且具有连接、媒介作用的空间称为链结群空间（图 4-27）。链结群空间不但体现了历史街区空间要素构成关系的依附性和连续性，而且也反映了此类空间构成要素在构成关系中的主动性和被动性的统一。链结群空间使整个历史街区空间联系更加紧密，同时自身也是历史街区空间的亮点所在。

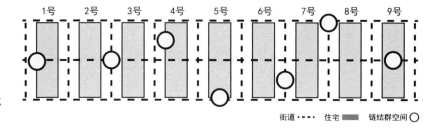

图 4-27 链结群空间构成图示

2）链结群空间和并列群空间的关系

链结群空间和并列群空间的关系我们可以理解为点和线之间的关系。线是点沿着某个方向运动的轨迹，而当两条或多条线相交时又产生了点。在大连凤鸣街历史街区中，并列群空间按照横向和纵向分为两种类型，当两个方向的并列群空间进行叠加复合，此时形成了复杂的空间网络。空间网络中的每个空间结点就是链结群空间（图 4-28）。链结群空间使两种并列群空间更加有机地结合在一起，同时又依附于两者。

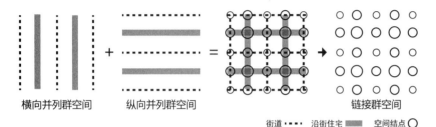

横向并列群空间　　纵向并列群空间　　　　　　　　　链接群空间

街道┈┈　沿街住宅 ▓▓▓　空间结点 ○

图 4-28　链结群空间与并列群空间的关系图示

以空间结点为代表的链结群空间在城市空间系统中大量存在，如空间中的广场、道路交叉口上的交通岛和四周建筑组成的城市结点、高程上的制控点、景观系统中的视觉焦点、交通结点、空中景物的对景点、主题性的雕塑以及标志性小品和绿化结点等。

在大连凤鸣街历史街区中最主要的链结群空间就是街道交叉路口和每个地块角部的沿街住宅组成的街区空间结点。（图 4-29）

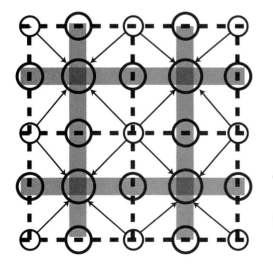

┈┈　街道

▇　角部沿街住宅空间

▓　内部沿街住宅空间

○　链结群空间

图 4-29　链结群空间与角部沿街住宅空间的关系图示

3）群空间对两种沿街住宅空间的影响比较

上一节并列群空间分析中，我们阐述了街区中的地块内部沿街住宅空间的特点以及在对构成整个街区空间结构所产生的影响。地块角部的沿街住宅空间由于同时受到链结群空间、并列群空间和等级群空间三种空间模式共同影响，因此必然与地块内部的沿街住宅空间存在比较大的差异。接下来，我们要更进一步地分析历史街区中处在地块角部的沿街住宅空间的特点，并且对两种沿街住宅在空间结构、加建情况、入户方式、住宅形式以及使用功能等方面做出详尽的比较分析。（表4-5～表4-8）

两种沿街住宅空间的分析图示一　　　　　　表4-5

使用功能	底层用于商业		使用功能	居住
住宅形式	二层集合式住宅		住宅形式	一层独立式住宅
入户方式	由街道直接入户		入户方式	由街道经前院入户
加建情况	有		加建情况	无
凤鸣街151号			凤鸣街143号	
群的影响	链结群空间为主		群的影响	等级群空间为主

拥警街　凤鸣街　加建　前院　凤鸣街

使用功能	居住		使用功能	商业
住宅形式	二层并立式住宅		住宅形式	二层集合式住宅
入户方式	由街道经前院入户		入户方式	由街道直接入户
加建情况	无		加建情况	无
高尔基路193号			长春路235号	
群的影响	并列群空间为主		群的影响	链结群空间为主

续表

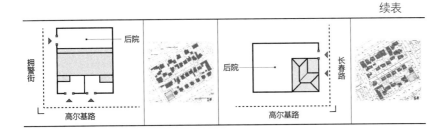

链结群空间影响为主的沿街住宅空间

在大连凤鸣街历史街区中的链结群空间主要是指两个方向的并列群空间相交所产生的"交集空间"。凤鸣街历史街区中,"交集空间"里的"主角"就是位于每个地块转角处的角部沿街住宅空间。角部沿街住宅空间同时也是等级群空间、并列群空间和链结群空间三者的交集。

当链结群空间影响为主的时候,例如凤鸣街 151 号、长春路 235 号、大同街 183 号和新华街 56 号,角部沿街住宅空间通常表现为商业性和公共性的一面,底层基本用于商业功能,如便利店、洗衣房、餐厅、茶室等(其中长春路 235 号整体用作幼儿园建筑),上层用于集合式住宅。住宅的入户方式也大多是由街道直接进入建筑内,此时人行道代替了宅院起到了由公共空间到私密空间的过渡作用。这样的角部沿街住宅空间大多成了"间"空间,此时等级群空间的从小到大、逐层递进的层次性弱化了。

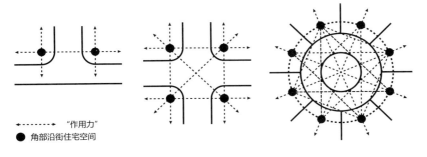

图 4-30　链结群空间影响
为主的角部
沿街住宅空间对街区空间结
构的作用图示

另外,当链结群空间的影响为主时,角部沿街住宅空间由于同时受到两个方向的交通、人的行为、视觉、心理感受等的作用,它通常表现为一个"无方向"的"点"，以能够来均衡和联系来自两个方向的"作用力"。甚至，对于处在十字路口或者放射性广场处的角部沿街住宅空间来说，还多了其他方向上的"作用力"（图4-30）。

此时，单纯从视觉、行为、心理的角度上讲，已经无法判断这个空间、这个住宅是属于哪一条街道了，只有从住宅的入户方向在哪里来确定是哪条街道、多少号。并列群空间的对整个街区空间以及沿街住宅空间整体界面的线性强调、平行并置的特点也因此弱化了。

两种沿街住宅空间的分析图示二 表4-6

	使用功能	居住		使用功能	底层用于商业
	住宅形式	二层独立式住宅		住宅形式	二层集合式住宅
	入户方式	由街道经宅院入户		入户方式	由街道直接入户
	加建情况	有		加建情况	有
凤鸣街131号	群的影响	等级群空间为主	新华街140号	群的影响	并列群空间为主

	使用功能	居住		使用功能	底层用于商业
	住宅形式	二层独立式住宅		住宅形式	三层集合式住宅
	入户方式	由街道经前院入户		入户方式	由街道直接入户
	加建情况	无		加建情况	有
凤鸣街101号	群的影响	等级群空间为主	民运街55号	群的影响	链结群空间为主

续表

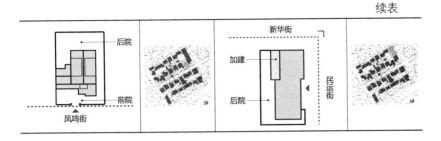

并列群空间影响为主的沿街住宅空间

与链结群空间影响为主的沿街住宅空间不同的是，主要受并列群空间影响的沿街住宅空间存在两种，就是角部和内部沿街住宅空间。也就是说，对于角部沿街住宅来说，也可能以并列群空间的影响为主，例如高尔基路 193 号、新华街 140 号、民运街 38 号和民运街 55 号。决定因素就在于角部沿街住宅空间在街道、地块甚至整个街区空间结构模式中地位和起到的作用。此时的角部沿街住宅空间已经由一个"无方向"的"点"转变为一条"有方向"的"线段"，所起到的作用就是将某一侧的沿街住宅空间衔接成更长的"线段"，加强了整个街区线性并置的连续界面，并且在此起到一个阶段性的收尾与强调的作用（图 4-31）。

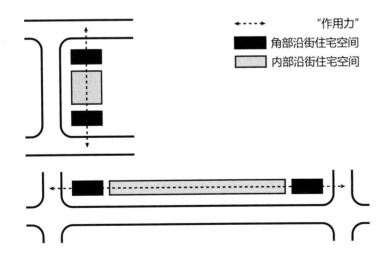

图 4-31　并列群空间影响为主的角部沿街住宅空间对街区空间结构的作用图示

　　另外一种就是内部沿街住宅空间，例如民运街 40 号和新华街 44 号。这样的住宅空间具有一般并列群空间的属性。它的底层空间也大多用于商业用途，上层空间作为集合式住宅。入户方式、宅院的位置、朝向等都顺应着街道同一方向上的沿街住宅空间，形成空间结构模式的呼应。因此，对于同一个地块并且在同一条街道方向上的角部和内部沿街住宅空间来说，如果两者都是以并列群空间影响为主的话，那么两者在空间结构模式上就不会存在本质的区别，例如民运街 38 号和民运街 40 号。

两种沿街住宅空间的分析图三　　　　　　　表 4-7

	使用功能	底层用于商业		使用功能	底层用于商业
	住宅形式	二层独立式住宅		住宅形式	二层独立式住宅
	入户方式	由侧面经前院入户		入户方式	由侧面经前院入户
	加建情况	有		加建情况	有
民运街38号	群的影响	并列群空间为主	民运街40号	群的影响	并列群空间为主

	使用功能	居住		使用功能	底层用于商业
	住宅形式	二层独立式住宅		住宅形式	二层独立式住宅
	入户方式	由街道经前院入户		入户方式	由街道直接入户
	加建情况	无		加建情况	无
凤鸣街66号	群的影响	等级群空间为主	大同街183号	群的影响	链结群空间为主

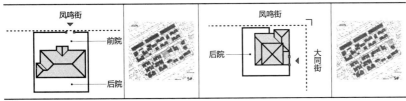

续表

等级群空间影响为主的沿街住宅空间

与并列群空间影响为主的沿街住宅空间相同，主要受等级群空间影响的沿街住宅空间也包括角部和内部沿街住宅空间两种。例如凤鸣街 131 号，就是以等级群空间影响为主的角部沿街住宅空间。它在街道、地块甚至整个街区空间结构模式中起的是空间的层层递进、由小到大的层次关系。此时的角部沿街住宅空间已经成为一个"面"，所起到的作用就是同时将街道两侧的沿街住宅空间联系起来，与地块内部的住宅空间形成一个层层递进、由小到大的院落空间（图4-32）。

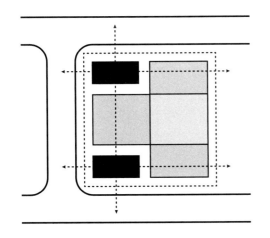

"作用力"

角部沿街住宅空间

内部沿街住宅空间

地块内部住宅空间

图 4-32　等级群空间影响为主的角部沿街住宅空间对街区空间结构的作用图示

这样的角部沿街住宅空间通常表现出的是生活性的一面，住宅也大多仅用于居住且配有宅院，和另外一种内部沿街住宅空间在结构模式上没有本质区别，例如凤鸣街 143 号、凤鸣街 101 号、凤鸣街 66 号、凤鸣街 43 号、凤鸣街 45 号。

两种沿街住宅空间的分析图示四　　表 4-8

	使用功能	底层用于商业			使用功能	居住
	住宅形式	二层集合式住宅			住宅形式	三层集合式住宅
	入户方式	由街道直接院入户			入户方式	由街道直接入户
	加建情况	无			加建情况	有
新华街56号	群的影响	链结群空间为主		新华街44号	群的影响	并列群空间为主

	使用功能	居住			使用功能	居住
	住宅形式	一层独立式住宅			住宅形式	一层独立式住宅
	入户方式	由街道经前院入户			入户方式	由街道经前院入户
	加建情况	无			加建情况	有
凤鸣街43号	群的影响	等级群空间为主		凤鸣街45号	群的影响	等级群空间为主

4）链结群空间总结

在大连凤鸣街历史街区中最主要的链结群空间就是依附于街道网络联系着两个方向沿街空间的角部沿街住宅空间。除此之外，还有地块内部住宅空间中的结点空间，通过巷道的转折、扩张、交叉、盲端等空间构成方式依附于沿街住宅空间，成为其不可分割的组成部分，同时也是沿街住宅空间转换的链结点。

链结群空间使得相对静态的院落空间以及街巷空间变成了动态空间。每一个链结群空间意味着一段空间的结束，同时也预示着另一段空间的开始。它是不同空间之间相互连续、过渡和转化的中介，最后使它们链结成更加紧密的空间整体。

4.3　街区整体空间的群结构

在并列群空间的论述中，已经分析了等级群空间和并列群空间的关系，两者是紧密联系、相互影响的；在链结群空间的论述中，我们进一步分析了链结群空间和等级群空间以及并列群空间三者的关系：一方面，三种群空间是相互影响、相互融合的统一整体；另一方面，从共时性上讲，三种群空间的结构模式是空间构成关系的三个基本方面。

（1）街道空间与三种群空间的构成关系

街道不仅仅是一种埋藏了大量城市管道的公共设施，街道空间也不仅仅是一种车流或人流经由通达的线型的物理空间。街道空间调节着城市生活社区的结构、形态以及舒适度。[1]

三种群空间体现出了街区空间构成要素之间排列组合的三种基本构成方式，然而，通过对凤鸣街历史街区三种群结构空间的具体分析，我们发现了街区中作为交通网络的街道空间起到了非常重要的作用，同时也是三种群空间的有机组成部分：

第一，街道空间是等级群空间中的院落空间、地块空间与街区空间要素划分层次的依据。此时，院落空间所代表的建筑空间与街道空间形成了"图与底"的空间，街道空间因此呈隐性状态。

第二，街道空间是并列群空间演化的生长轴，其本身作为线型空间更是并列群空间的主体，因而呈显性状态。

第三，链结群空间是依附于街道空间的结点空间，街道空间的存在使链结群空间联系成网络。从某种意义上讲，链结群空间是街道空间的有机组成部分，所以，街道空间在这里呈半显半隐的状态。

因此，街道空间本身作为历史街区空间构成要素，是等级群空

[1] （美）阿兰·B·雅各布斯. 伟大的街道 [M]. 王又佳，金秋野译. 北京：中国建筑工业出版社. 2009.

间、并列群空间、链结群空间三种结构关系复合而成的。然而，通过上文的分析，又能够发现街道空间的不同，也会给三种群空间的空间结构与形态形成较大的影响，也正是由于街道空间的存在，其或显或隐的构成作用使三种群空间融为一体，复合构成历史街区整体空间。

（2）街区整体空间结构：复合群

街区中院落空间、地块空间等块面空间与沿街住宅空间的线型空间以及点式的结点空间共同构成了大连凤鸣街历史街区整体空间，从空间形态上来讲，分别体现出了"面"、"线"、"点"三种空间形态的组合（图 4-33）。从空间结构上说，等级群空间：通过要素由小到大的逐级构成和平面上的扩展，体现了凤鸣街历史街区的块面空间的结构特征；并列群空间：通过沿街住宅、街道两种空间要素以街为轴的延伸演化，体现了凤鸣街历史街区的线型空间结构特征；链结群空间：通过各种结点空间与其他空间要素之间相互链结和依附，体现了凤鸣街历史街区的结点空间结构特征。

图 4-33 凤鸣街历史街区局部鸟瞰

三种形态的空间主要由三种不同的结构方式来支配，形态的复合，也是结构的复合。因此，整个凤鸣街历史街区空间结构是一种"复

合群"：等级群 + 并列群 + 链结群（图 4-34）。总之凤鸣街历史街
区空间构成关系上的三种结构原型的复合，不但有异质的合成性（并
列群），同质的层次性（等级群），而且还有异质之间或同质之间的
连接性（链结群）。

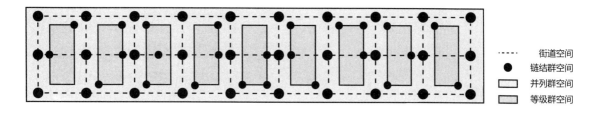

..... 街道空间
● 链结群空间
□ 并列群空间
▨ 等级群空间

图 4-34 凤鸣街历史街区
整体空间结构

　　本章是对凤鸣街历史街区群结构空间的论述。基于代数结构
"群"的特性以及相关概念，从等级群、并列群、链结群三种最基本
的群结构原型入手，在共时性上，对大连凤鸣街历史街区空间中的
各个要素之间的构成关系进行了全面的解析。

　　等级群空间主要论述的是街区中各空间要素间以由简到繁、由
小到大逐级递进构成关系为主的空间特性与规律；并列群空间主要
论述的是街区中具有同层次上的重复、并置关系的空间，以沿街住
宅空间和街道空间为主；链结群空间主要论述的是街区中具有相互
依附，且具有连接、媒介作用的空间，以街区中的角部沿街住宅空
间和道路结点空间为主。与此同时，街道空间在整个街区空间的构
成中起到至关重要的作用。

　　这三种群结构所代表的三种构成关系与历史街区空间中的地块
（面）、沿街（线）、结点（点）三种空间产生一一对应的关系。三种
关系的复合（复合群）与三种空间的叠加分别构成了历史街区空间
的总体结构和物质空间形态。

第五章　凤鸣街历史街区的序结构空间

建筑空间的结构，应符合人的心理观念和行为规律，不仅具备从一个空间顺利、流畅地过渡到另一个空间的转化条件，并且还要有良好的指向性和导向性，主次分明，避免不必要的迷津和迂回，形成空间的有序性和条理性。秩序性是表现空间结构布局的章法，要求达到井然有序，有条不紊。

5.1 "序"的定义和特性

对于大连凤鸣街历史街区空间群结构的分析是基于空间各个构成要素的同一性、共时性之上，其重点在于空间要素的三种构成关系。从最基本的同一性出发，分析具有相同或相似性质的空间要素之间以及空间要素与整个街区整体空间之间的等级、并列、链结关系。

序结构空间将更进一步地从空间要素的差异性、历时性出发，分析大连凤鸣街历史街区空间中不同层次上的空间要素之间以及相同层次上的不同空间要素之间的差异性。这些差异性就是以历时性为基础的次序关系，体现出空间的秩序性和条理性。

（1）定义和特性

历史街区空间内部存在的深层次的组织规律和秩序原则——空间结构，不仅包含以共时性为前提的构成关系，还存在着以历时性为基础的次序关系，这些关系主要体现在大小、先后、主次、高低等方面，它们同时也是基于历史街区中各个空间要素之间的比较性和差异性上的。这些差异性分析是在对同一性分析基础上的补充以及拓展，将有助于全面深入地了解历史街区这一复杂而特殊的城市空间系统。

瑞士语言学家索绪尔（Ferdinand de Saussure）说过："每个词的意义在于它本身的语音和其他词的语音差异中的结构感"[1]，空间要素的意义是通过与其他要素的差异所体现出来的。对各种次序关系的分析，就是以历史街区空间中各构成要素之间的差异性为基础，从历时性出发，将各个空间要素进行对立比较，进而发现出历史街区空间中更深层次的组织规律和秩序原则。皮亚杰（Jean Piaget）提出的三种数学结构原型之一的"网"（英文为 Lattice 或 Network，《结构主义》一书中译为"网"），实际上根据离散数字的概念应译为"格"（抽象代数的重要概念、主要研究集合、空间的次序等性质）。它和群一样，具有十分广泛的普遍性。"'网'用'后于'（succède）和'先于'（précède）的关系把它的各成分联系起来；因为每两个成分中总包含有一个最小的'上界'（后来的诸成分中最近的那个成分，或'上限'[supremum]）和一个最大的'下界'（前面成分中最高的那个成分，或'下限'[infimum]）"，[2] "网"结构说明了系统中任何两个构成要素之间都存在比较性和差异性的次序关系。"由于通常使用的'网'这个词易造成人的误解，而'格'又未能得到广泛的应用，因此，为了理解和准确，不妨将'网'用'序'来代替和简化，使'序'与'次序'一次相对应。"[3]

"序"在《辞海》中的定义：次第，引申为按次第区分、排列。"网的可逆性普遍形式不再是逆向性关系了，而是相互性关系：如用加号（＋）替换乘号（·）、用'先于'关系替换'后于'关系，就使'A·B 先于 A+B'这样一个命题转换成了'A+B 后于 A·B'这样一个命题了。"[4]

因此，序结构空间是研究大连凤鸣街历史街区空间中构成要素之间的各种以历时性为基础的次序结构的空间原型。

（2）"序结构空间"的内容

历史街区空间要素之间的相互比较性的次序关系的结构原型就是"序结构空间"。本章中，对于序结构空间的研究包含以下三个最

[1]（英）特伦斯·霍克斯.结构主义和符号学 [M]. 瞿铁鹏译.上海：上海译文出版社，1987.
[2]（瑞士）J·皮亚杰.结构主义 [M]. 倪连生，王琳译.北京：商务印书馆.1984。1987。
[3] 段进，季松，王海宁.城镇空间解析——太湖流域古镇空间结构与形态 [M].北京：中国建筑工业出版社，2002.
[4]（瑞士）J·皮亚杰.结构主义 [M]. 倪连生，王琳译.北京：商务印书馆，1984.

基本的方面：基于空间要素的共时性位序关系和历时性流线关系的空间序列，基于空间要素的历时性先后关系的空间演化，基于空间要素的共时性主次关系的空间等级。

在这里需要说明的是，不可能完全排除事物的共时性而去专门地研究历时性问题，结构主义的研究方法还是强调共时性，以共时性为基础的空间要素同样具有相互比较的次序关系，历时性特征的研究起到的是"锦上添花"的作用。对于大连凤鸣街历史街区而言，从空间要素的层次上看，应该分为三个主要的层次：院落空间、街巷空间、街区空间。每个层次上的"序"都是三种次序关系的复合，与群结构空间不同的是，序结构空间研究的是各种空间要素之间相互比较的次序关系。

5.2 凤鸣街历史街区空间三个层次上的"序"

大连凤鸣街历史街区是以住宅为主的居住社区，其中每家每户都配有宅院，宅院的形式也多种多样，大体分为有前院、后院、侧院和环院四种类型。通过宅院空间的套接与拼接形成了院落空间。院落空间与街巷空间形成了虚与实的图底关系，无论是在空间的序列方面还是空间的等级和演化方面，两者的序都是相辅相成、互相联系的；两者序的复合就形成了历史街区整体空间之序（图5-1）。

（1）院落空间之序

对于整个历史街区空间而言，住宅所形成的建筑空间和院子的围合所形成的宅院空间是居民生活的最基本空间，通过这些宅院空间的横向拼接和纵向套接形成一个个院落空间。值得一提的是，在等级群空间的分析中强调的是空间要素之间的构成关系和街区的整体性研究，是以同一性和共时性为前提，并不考虑空间要素本身的一些特质，如形态、大小、朝向等。

1）院落空间的分类和形制

通过对大连凤鸣街历史街区的测绘调研中发现，街区中的各个地块以凤鸣街划分南北，南北两侧的院落空间一般分为两进、

三进和四进院落三种类型。"无进不成序，无落不成列"，通过一
个个宅院的排列组合，形成了整个地块空间乃至街区空间的虚实、
收放之序，这也是空间序列的最初体现。同时宅院的形态也多种
多样。

以一号地块为例，有的住宅拥有前后两个院子，左右有侧院，
形成"回"形宅院（图5-1）；有的住宅没有后院（或前院），而是
通过前院（或后院）和侧院组成了"L"形宅院（图5-2）；有的住
宅前院很小基本由街道直接入户，而后院很大，呈"口"形（图5-3）；
也有的双拼式住宅，由于场地面积有限，只有很小的前院，前院一
分为二供两个家庭所用等（图5-4）。这些宅院的位置、大小、主
次变化就导致了街区空间等级的差异。而宅院的横向拼接和纵向的
套接生长不但形成了最基本的空间演化，而且还是以宅院为基本单
元的空间序列和空间等级的强化和叠加，并且还进一步在院落之间
形成新的序列和等级。

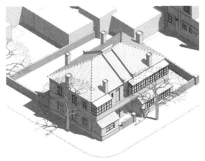

图5-1　1号地块"回"形宅
院轴测图（左）
图5-2　1号地块"L"形宅
院轴测图（右）

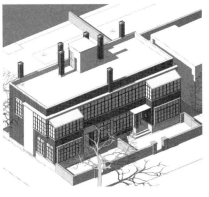

图5-3　1号地块"口"型宅
院轴测图（左）
图5-4　1号地块双拼式宅
院轴测图（右）

2）三种院落空间之序

根据群结构空间的解析中所得到的结论，在大连凤鸣街历史街区中每个地块的空间构成特点都不尽相同。包含了单向等级群空间和双向等级群空间两种构成模式，这也就意味着，街区中每个地块空间中都不仅仅存在院落空间一种构成要素，其中也包含着低层次的构成要素。历史街区之序的最基本体现就来自院落空间，街区空间之序的研究的重点就放在每个地块中至今留存下来较完整的院落空间区域，其他的比如单独的宅院空间和"间"空间以及留存下来相对模糊的区域，由于对整个街区空间之序影响不大，不做具体分析。

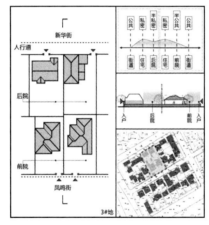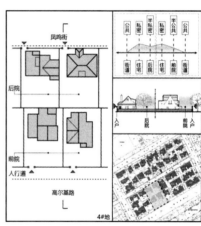

图 5-5　两进院落空间的序结构分析图

两进院落空间之序

两进院落空间是大连凤鸣街历史街区空间的最主要构成要素。每个地块都有且主要由两进院落空间构成，分别由一户住宅的"前院"和另一户住宅的"后院"纵向套接而成（图 5-5）。通过对凤鸣街历史街区留存下来的现状研究发现，凤鸣街历史街区中的两进院落空间只有这一 种形式："背靠背"的两户住宅其中一户退街道距离很小，直接由人行道入户，几乎没有前院。户前的空间进深很小，仅仅是存放临时物品和每天收取信报之用。然而这样的住宅，拥有很大的后院，后院里种着花草树木，夏天可供家人遮阴纳凉，以前也有的人家在后院里建起了鱼塘。这种住宅的宅院空间整体较为封

图 5-6　凤鸣街 126 号（左）
图 5-7　凤鸣街 128 号（右）

闭、私密性较好、受外界的干扰也较小。（图 5-6、图 5-7）

　　相反，另一户住宅没有后院而前院很大，由街道经由前院入户。前院空间在此不仅仅相当于一个过渡性的灰空间，既不私密也不公共（然而，相对于另一户的后院空间相比，属于偏向公共性的半公共空间，私密性相比较弱），而且还同样可以作为住宅家庭户外活动的场所，但是因其自身的私密性和开放性的关系，这里可以进行的户外活动也与另一户住宅的后院空间有所不同。这种住宅在空间结构上与欧洲的花园式住宅有着或多或少的相似之处。（图 5-8、图 5-9）

图 5-8　凤鸣街 80 号（左）
图 5-9　凤鸣街 82 号（右）

　　因此，这两户住宅构成了前院—住宅—后院—住宅的两进空间序列，空间等级主次分明，分区明确，根据不同家庭对私密性和公共性的需求以及生活使用功能的不同，合理安排空间布局。从理论上讲，两进院落空间应该还有其他的形制：前院—住宅—住宅—前院，或者住宅—后院—后院—住宅两种。简单地说，就是对称的空间序列。但是，在大连凤鸣街历史街区中没有发现这两种院落空间，仅有一种"前院"和"后院"的非对称组合，这是凤鸣街历史街区空间的重要组织规律之一。

三进院落空间之序

三进院落空间在凤鸣街历史街区中没有两进院落那样常见，也不是每个地块都存在三进的院落空间。它一般由两个"前院"和一个"后院"纵向套接而成（图 5-10）。凤鸣街历史街区中的三进院落主要分为两种形制：

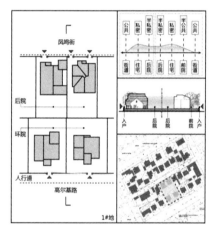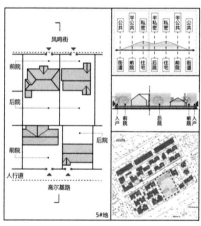

图 5-10 三进院落空间的序结构分析图

同样是垂直于凤鸣街的纵向的两户住宅，第一种是其中一户住宅拥有前后两个院子或者围绕住宅四周的环院，这样其自身就形成了两进院落，再加上另一户住宅的后院，从而形成了三进院落空间。（图 5-11、图 5-12）

另一种同样是其中一户拥有前后两个院子或者环院，相反的是，另一户住宅没有后院，是从街道经由前院再入户。和两进院落不同的是，三进院落空间序列更为明显，空间等级更为分明。因此形成了两种空间序列：前院—住宅—后院—后院—住宅、前院—住宅—后院—住宅—前院。

当一个住宅同时拥有前后两个院子时，必然就出现了空间的主

图5-11　凤鸣街143号（左）
图5-12　凤鸣街145号（右）

次，这里的主次不仅仅是由院子的大小而决定的，而且还与空间的
私密性要求、家庭的生活需要、邻里关系、日照、街道影响等很多
复杂因素有着必然的联系。其中人们对私密性的要求是最重要的因
素，从某种程度上也影响了空间的等级。在大连凤鸣街历史街区中，
经过调查发现，凡是拥有前后两个院子的住宅，后院都是家庭生活
的重要空间，也比较大。相比之下，前院空间相对开敞，私密性较弱，
因此空间较小，空间等级也相对较低，大多起到的是从街道到住宅
的过渡作用。这里发生的大多也是些临时行为，也有的住宅在前院
加建一些仓库和杂物间等。

　　大连凤鸣街历史街区虽然是日本建筑师按照当时盛行的西方的
规划设计思想进行建设的，但是和西方普遍的花园住宅不同。西方
花园住宅注重的是住宅前面的空间，前院很大，有草坪、树木、秋
千、躺椅等，相比之下后院倒是使用率较低的空间（图 5-13）。在
这里，日本建筑师还是融入了东方人保守和封闭的传统文化观念，
没有一味地照搬照抄西方设计思想。后院空间相对前院空间要大而
且较封闭，通过四周的住宅将之围合，属于内向性空间，和中国传
统住宅中的合院式住宅"藏风聚气"、"四水归一"的观念如出一辙（图
5-14）。

　　但是，从空间的界限和连通上来说，又与中国传统合院式建筑
有所不同，它是一种具有半封闭边界的模糊性空间，具有一定的渗
透性。

图5-13 西方花园住宅（左）
图5-14 中国合院式住宅
（右）

四进院落之序

四进院落空间在整个街区中并不常见，其只有一种形制，就是两户住宅同时拥有前后两个院子，再进行纵向的套接形成前院—住宅—后院—后院—住宅—前院的空间序列。以两户之间的院墙为中心呈对称的空间序列。（图5-15）

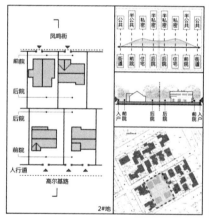 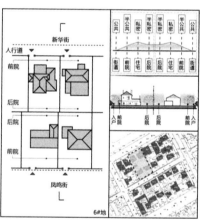

图5-15 四进院落空间的
序结构分析图

综上所述，通过街区内宅院自身形制的不同，再加上它们之间的组织方式的不同，从而形成了三种不同的院落空间之序。三种院落空间的序结构存在的差异主要体现在序的简与繁、强与弱的不同。由于这里我们研究的院落空间都是由南北两排住宅以及各自围合的院子构成，住宅成为整个院落空间的中心，也基本与院落平面的几何重心相吻合，总的来说，其三种院落空间的序结构是同构的。

3）院落空间之序的影响因素

当一个住宅同时拥有前后两个院子的时候，影响院落空间之序
的主要因素就是人们对生活私密性的需求。私密性需求是前院和后
院在使用功能、尺度、空间等级、出入院子的方式等方面出现差别
的决定性因素，从而也影响了院落空间整体之序。

那么，对于仅仅有一个院子的住宅而言，院子的布局和位置的
差异主要是由日照和街道影响的因素决定的。通过对凤鸣街历史街
区的测绘调研发现，同样是凤鸣街上的住宅，在每个地块中的凤鸣
街北侧的住宅，基本都具有前院而没有后院，相反南侧的住宅几乎
由凤鸣街直接入户，前院很小或者没有前院，而把院子放在宅后（图
5-16、图 5-17）。这也是凤鸣街历史街区空间的重要组织规律之一。

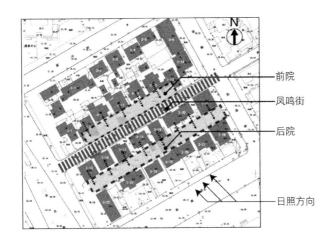

图 5-16 日照因素对院落空间之序的影响示意图（三号地）

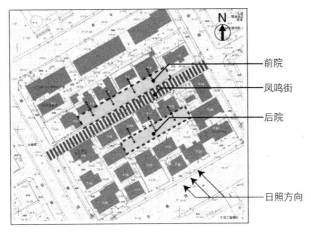

图 5-17 日照因素对院落空间之序的影响示意图（七号地）

在这里私密性和街道影响的因素已不占主导作用，而是院子所能接受的日照强度起决定作用。当一个住宅拥有一个院子的时候，其还是选择把院子布置在能够接受阳光的一侧，"前院"借着凤鸣街道宽度的空间获取日照，而"后院"则通过与南侧住宅的间距获取阳光。因此，就出现了前院和后院、虚与实、收与放的空间等级和空间序列的差异，从而进一步影响了整个院落空间的序结构。

除了日照因素外，街道空间对于街区的院落空间序结构的影响也很大，具体将在下一节的街巷空间之序中做详尽的分析。

（2）街巷空间之序

街巷空间和院落空间形成的是虚与实的图底关系，两者的序相辅相成、互相联系。大连凤鸣街历史街区中的街巷空间主要是指沿街住宅空间和街道空间。在"并列群空间"和"链结群空间"的论述中，分析了并列群空间和链结群空间两者的关系，比较了角部沿街住宅空间和内部沿街住宅由于受到不同群空间的影响所产生的差异。

首先，同样是角部沿街住宅空间，有时会以链结群空间影响为主，而有时还会以并列群或等级群空间影响为主。它的空间结构和形态会因为群空间的影响而存在不同程度上的差异。

其次，同样是内部沿街住宅空间，有时会以并列群空间影响为主，而有时还会以等级群空间影响为主。它的空间结构和形态也会因为群空间的影响而存在差异。

之前也提到了决定沿街住宅空间主要受哪一种群空间影响为主的因素在于它们在街道、地块甚至整个街区空间结构模式中的地位和起到的作用。那么，这些沿街住宅空间在街区空间中的地位和起到的作用之所以会产生差异，其根本原因在于联系着三种群结构空间并使之相互作用、相互联系构成街区整体空间的街道空间的等级和功能不同。

街道空间由于其本身具有的开放性、公共性特点，其必然给以封闭性、私密性为主的住宅空间产生较大的影响，其中对沿街住宅空间的影响最大。街道空间的等级和功能不同也会给三种群结构空间的结构和形态产生较大的影响，它是街巷空间之序产生的重要因素。

街巷空间同样分为两种：角部街巷空间和内部街巷空间。通过角部沿街住宅空间与所相邻的街道空间以及内部沿街住宅空间与沿线街道空间之间在空间等级、空间序列等方面的相互关系揭示出凤鸣街历史街区的街巷空间之"序"。

街道空间的等级和功能

城市道路的等级和功能是决定街道空间等级和功能的首要因素。大连凤鸣街历史街区是由横向的三条街道和纵向的十条街道围合而成，根据城市道路等级划分标准，其中包含了城市快速路、城市主干路、城市次干路、城市支路和街坊路5种（图5-18）：

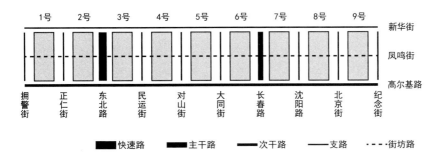

图5-18 凤鸣街历史街区道路等级图示

城市快速路：东北路，位于2号地和3号地之间。立体交通，拥有高架快速路，主要联系市区各主要地区、市区和主要的近郊区、卫星城镇、主要的对外出路，负担城市主要客、货运交通，有较高车速和大的通行能力。

城市主干路：长春路，位于6号地和7号地之间。局部立体交通，拥有高架引桥，是城市道路网的骨架，联系城市的主要工业区、住宅区、商业区、车站等，承担着城市主要交通任务。

城市次干路：高尔基路，位于历史街区南侧，由西向东单向车道。作为市区内普通的交通干路，配合主干路组成城市干道网，起联系各部分和集散作用，分担主干路的交通负荷。

城市支路：新华街、拥警街、正仁街、民运街、对山街、大同街、沈阳路、北京街、纪念街。作为城市次干路与街坊路的连接线，解决局部地区的交通，以服务功能为主。街坊路：凤鸣街，历史街区的中轴线，街区内部的生活性道路。

内部街巷空间之序

街道空间和其沿线的内部沿街住宅空间是内部街巷空间的两个构成要素。它们在空间演化、空间等级以及空间序列3个方面存在的差异性，揭示了内部街巷空间之序。

接下来根据凤鸣街历史街区中的街道空间的等级和功能，把内部街巷空间分为5种类型：

①城市快速路沿线的内部街巷空间（以东北路为例）；②城市主干路沿线的内部街巷空间（以长春路为例）；③城市次干路沿线的内部街巷空间（以高尔基路为例）；④城市支路沿线的内部街巷空间（以新华街为例）；⑤街坊路沿线的内部街巷空间（以凤鸣街为例）。

在凤鸣街历史街区中的街道空间等级最高的是东北快速路，这无疑会对街区的空间结构产生比较大的影响。如今，街道西侧原本的沿街住宅区域已经被改建成了现代的多层住宅建筑，街道上空也已经建造快速高架桥。然而东侧的沿街住宅空间保存比较完整，结构仍然清晰可见。每户住宅均配有进深较大的前院，院内种植高大的树木，以来减少街道对住宅空间的影响，内部沿街住宅的前院空间进深达7.5m，住宅多为2层，高度约6.5m。内部街巷空间的高宽比在1：6左右（图5-19）。

长春路沿线内部街巷空间尺度与东北路沿线相比要小，车行道路宽度20m，人行道宽3.5m左右。道路两侧的沿街住宅空间保存较为完整，结构清晰，住宅同样多为2层，高度在6～7m。与东

图 5-19 东北路沿线内部街巷空间之序图示

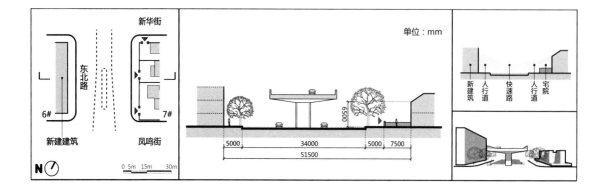

北路沿线的内部街巷空间不同的是，街道空间较为封闭，每户住宅的入户前院较小，西侧的住宅甚至没有前院的过渡，而是直接由人行道入户。内部街巷空间的高宽比在 1:3 左右（图 5-20）。

城市道路的次干路高尔基路作为凤鸣街历史街区的南侧边界，

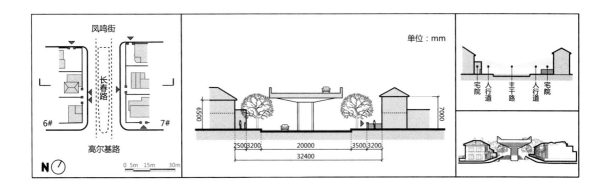

图 5-20　长春路沿线内部街巷空间之序图示

这无疑使凤鸣街历史街区的南侧沿街住宅空间成为街区重要的展示面。住宅基本为 2 层，高 6.5m 左右。内部街巷空间以并列群空间为主，在沿街道呈线型排布的基础上伴随着前后的退进，每户住宅都由人行道经前院入户，前院的进深在 3 ~ 5m。除此之外，街道两侧也种植着两排行道树，间距在 8 ~ 10m，绿树成荫，十分静谧。树木有效地将行人与车辆、生活居住空间和城市公共空间区分开来，枝条与树干相互交织成一个屏障，好像一排"柱廊"，形成内部街巷空间若隐若现的透明边界。高尔基路车行道路宽度 18m，人行道宽 4.5m 左右，整个街巷空间比较开敞，内部街巷空间的高宽比也在 1:3 左右（图 5-21、图 5-22）。

新华街是较高尔基路次一级的城市支路，它是凤鸣街历史街区的北侧边界。与高尔基路沿线的内部街巷空间不同的是新华街沿线的住宅空间较为封闭，尺度也要小很多。内部街巷空间以并列群空间和等级群空间为主，住宅空间沿街道布局，前后进退的差异较大，住宅层数在 2 到 6 层之间。从整个新华街沿线 9 个地块的内部沿街住宅空间来看，住宅的前院空间很小，大多数住宅是由人行道经住宅前院短暂的过渡然后入户。也有很多住宅把入

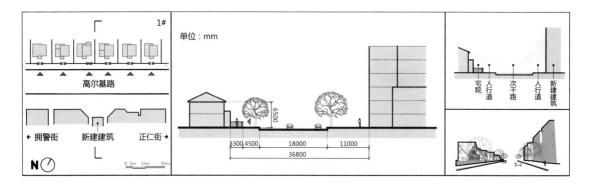

图 5-21 高尔基路沿线内部街巷空间之序图示

图 5-22 高尔基路沿线内部街巷空间局部

图 5-23 新华街沿线内部街巷空间之序图示

口直接设在人行道上，没有围墙，由人行道直接入户，这些住宅基本上以居住人数较多的集合式住宅为主。新华街的车行道路宽度11m，人行道宽度4.5m，内部街巷空间的高宽比也在1∶2左右（图5-23、图5-24）。

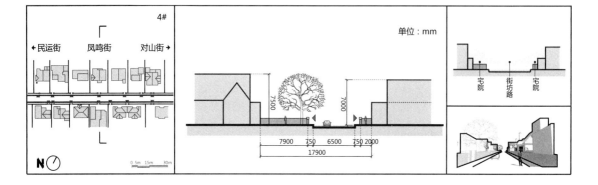

图 5-24　新华街沿线内部街
巷空间局部

　　凤鸣街沿线的街巷空间是街区中最重要的空间。人们从真正意义上了解、感受凤鸣街历史街区的空间结构、街区风貌也是从这里开始的。凤鸣街作为城市的街坊路，以生活性为主，道路宽度在 6.5m 左右，供人行和车行同时使用。道路两侧有大约 0.3m 高的路缘石，与住宅围墙间距仅有 0.75m 左右。街道北侧的住宅都配有很大的前院，进深在 8m 左右，而南侧住宅的前院很小，几乎没有，这其中无疑是日照因素的关系所决定的。这样也使整个凤鸣街沿线的内部街巷空间变化丰富，在阳光的照射下呈现虚实相映、交相辉映的空间序列。道路两侧的沿街住宅基本以一层的独立式住宅为主，配有高大的坡屋顶，高度同样会达到 7 ~ 9m，与街道的空间尺度相协调。内部街巷空间的高宽比也在 1 : 1 左右。（图 5-25）

图 5-25　凤鸣街沿线内部
街巷空间之序图示

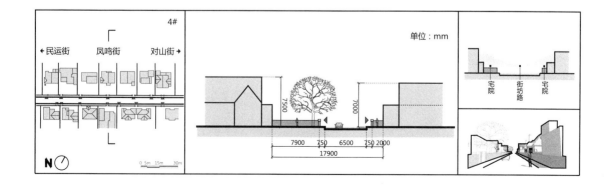

《场地规划》一书中，凯文·林奇将人们在社会环境空间中交往的最适当和最舒适的尺度和距离定义为 25m 左右。的确，城市中这样的空间尺度常常令人感到温馨和亲切，相反，那些宽阔的街道、巨大的广场、高耸的建筑则往往令人感到冷酷无情。

凤鸣街沿线的内部街巷空间边界清晰、尺度亲切。虽然每户住宅在空间结构上是相似的，但是它给予我们的感受远不止此，它是一条令人身心皆感舒适的街道。私密、围合的街巷空间给人们带来了安全的感觉。当初兴建街区的时候没有考虑住宅的车库，汽车只能停在街道边，在街道内侧留下了一条仅供一辆车通行的车道。因此，在这条街道上，车速往往很慢。父母们不会担心自己家的小孩子，即便是很小的孩子跑到外面的街道上玩耍涉及到的安全问题。在这里，所有的距离都很近。围墙的高度为 1.2m，从一户住宅的围墙到街道对面另一户住宅的窗户最多只有 20m，在这个距离上，很容易就能认出他人的长相。即使是从地块中街道的尽头向另一端望去，人的体态和肢体的动作特点还都是可以辨识的。更重要的是，在这样的街巷空间里，人们总会彼此擦肩而过，人们总会知道他人的住处和名字，每一户住宅院墙门处都标示出住宅主人的名字，人们见面时都会打声招呼。在这里，人们彼此相识、沟通、交流，正是这种独特的街巷空间之序促成了人性化居住社区的形成（图 5-26）。

图 5-26 凤鸣街沿线内部街巷空间局部

　　总而言之，从城市快速路到街坊路的 5 种内部街巷空间对历史街区空间的结构以及形态的影响是有显著区别的，有着逐级递减的等级序列。它们的改变，将使整个历史街区空间发生根本性的变化。这五种内部街巷空间的相互平行、相互交叉体现了凤鸣街历史街区重要的线型空间序列。虚与实、收与放，以天空为背景形成了高低起伏、整体而又多样的街区天际线。

　　从空间等级属性上看，东北路、长春路和高尔基路沿线的内部街巷空间包含交通、商业、运输、生活等多种功能的复合，属于外向公共的空间；新华街、大同街等支路沿线的内部街巷空间，与前者相比，属于各种功能复合性较弱的外向半公共空间；而凤鸣街沿线的内部街巷空间则以生活和交通为主，属于功能单一的内向半公共空间。因此，从东北路到凤鸣街的各层次街道空间不仅在功能属性上是从复合到单一的递变，同时，形成公共到私密、外向到内向的等级秩序。

角部街巷空间之序

　　角部街巷空间和内部街巷空间在空间尺度、空间结构上会有所不同。角部街巷空间由角部沿街住宅空间和街道路口交叉空间组成。之前在第三章链结群空间中已经对角部沿街住宅空间在空间结构、群空间的影响等方面做出了详尽的分析，这里主要针对角部沿街住宅空间在空间尺度上和街道交叉路口空间的相互关系等方面进行分析。

　　在大连凤鸣街历史街区中，位于地块角部的沿街住宅空间通常比内部的沿街住宅空间尺度要大，住宅形式以 2～6 层的集合式住宅为主，建筑体量也较大，角部沿街住宅空间较封闭，属性偏向公共性与商业性。然而，由于位于两条道路相交的交通节点区域，以链结群空间和并列群空间为主，根据街道空间等级的不同，整个角部街巷的空间尺度也会有明显差异。

　　如之前提到的位于新华街和民运街交叉路口的新华街 113 号，是一个 3 层的集合式住宅，住宅高度为 11m，与新华街和民运街分别形成的高宽比为 1：1.4 和 1：1.3。由于两条街道都是城市支路，因此高宽比没有明显差别，角部街巷空间尺度变化不大，但是与同一方向的内部街巷空间的高宽比相比要大的多，空间较封闭（图 5-27）。

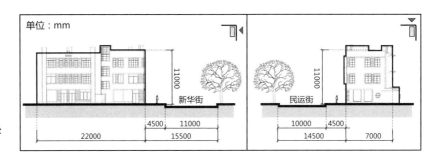

图 5-27 支路与支路相交处的角部街巷空间之序图示

再如以链结群空间为主的长春路 235 号角部沿街住宅，以前是一个 2 层的集合式住宅，如今用于幼儿园，建筑檐下高度 7m，配有高大的坡屋顶。位于城市主干路长春路和次干路高尔基路的交叉路口，与两条街道的高宽比均为 1：3 左右。角部街巷空间比较开敞。（图 5-28）

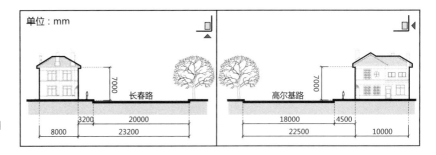

图 5-28 主干路与次干路相交处的角部街巷之序图示

角部街巷空间等级、尺度转变最大的是位于东北路与凤鸣街交叉路口的凤鸣街 132 号区域。站在转角处会有相当不同的感受，一侧空间开阔，34m 宽的车行路无疑使川流不息的车流成为主角，快速的城市节奏使人们很难停下脚下的步伐而匆匆赶路，这里有的只是嘈杂的发动机声和互相陌生的面孔。

然而当转身走进另一侧，是截然不同的空间体验，街道只有 6.5m 宽，在这里只有大人们交谈和孩子们玩耍嬉闹的声音，偶尔会有一两辆汽车缓缓经过。人性化的空间尺度给人一种熟悉、亲切和宾至如归的感觉（图 5-29）。

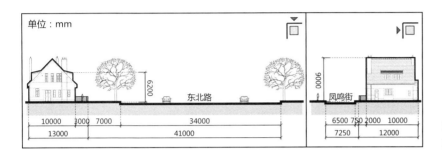

图 5-29 快速路与街坊路相交处的角部街巷空间之序

（3）街区空间之序

街区空间本身作为一个系统、一个整体，不仅在共时性上体现着静态的"群结构"，而且还在历时性上体现着空间发展变化的动态的"序结构"。院落空间之序和街巷空间之序相辅相成，两种序的叠加构成了街区整体空间之序的基础。大连凤鸣街历史街区中包含着各种形态、等级各异的空间，然而它们所具有的独特的品质主要是因为街区整体空间之序的多样性，与单独某个院落空间和街巷空间的品质关系不大。在街区中，或许某个住宅或者街道很突出，但更重要的是所有的住宅空间都能让人感到惬意，所有的街道空间都能有序地运行（图 5-30）。

图 5-30 凤鸣街历史街区局部鸟瞰

正如，索绪尔所说的每个词的意义不在于这个词本身，而在于它所处的整个语言环境中的作用。从某种意义上说，各种不同形式与尺度的住宅都能做到引人注目。独立式住宅、并立式住宅以及各种不同形式的集合式住宅在街区中都能找到。这是经济和社会多样化的结果。每个家庭的背景、习惯、人口数量、支付能力和审美需求都有或多或少的差别，因此他们所对应的住宅空间在尺度和类型上也都各自不同。然而，之前已经提过，凤鸣街历史街区中以住宅空间为主的院落空间之间具有同构性。这些住宅空间之间存在着某种本质上的组织规律和原则秩序，使它们虽然看上去形式各异、尺度不一，其实具有在整体空间结构秩序中的相似性。

街巷空间和院落空间中所包含的外向空间到内向空间的演化方式与公共空间向私密空间的过渡方式是贯穿街区整体空间序结构的核心线索，使空间结构与形态也产生相应的变化。它们是空间序列、空间等级、空间演化产生的本质因素。

院落空间的序结构主要注重的是街区空间从公共到私密的过渡方式，而街巷空间的序结构则注重街区空间从外向到内向的演化方式。这两种方式对应着两种空间要素的组织关系，同时也伴随着空间形态与尺度的变化。然而，通过之前在院落空间之序和街巷空间之序的分析，发现每个地块中的这些组织关系和形态与尺度的变化具有相同或者相似之处，它们是按照一定规律和秩序动态发展的，将这种规律和秩序进行抽象、总结得出的结构原型就是凤鸣街历史街区空间的序结构（图5-31）。

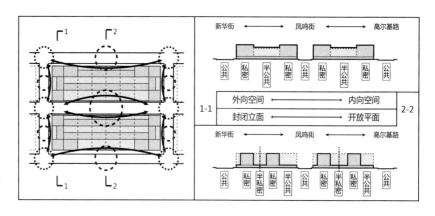

图5-31 凤鸣街历史街区空间之序图示

外向到内向的演化

街区空间从外向到内向的演化分为两个阶段：角部街巷空间到内部街巷空间的转变和内部街巷空间到地块中心区域的转变。前者空间的转变是通过街道空间的尺度、功能、等级的变化所形成的，空间尺度逐渐变小；后者空间的转变是通过街区内部街巷空间的结构变化而形成的，空间尺度逐渐变大。

角部街巷空间商业集中、人流量大、交通汇集，是街区空间中外向性最强的。空间尺度也比内部街巷空间要大，然而由于角部沿街住宅往往没有宅院，由人行道直接入户，而且尺度也较大。因此相比之下，较内部街巷空间要封闭，再加上人行道宽度与角部住宅高度相比通常要小很多，处在街角处的人会略有一种压迫感。正是这种压迫感，促成了一种类似"欲扬先抑"的转变方式：例如上文提到的从东北路到凤鸣街沿线街巷空间的转变。角部街巷空间尺度在两个方向上是截然不同的，由东北路一侧的开阔空间突然转变为凤鸣街一侧的狭窄空间。然而，转向凤鸣街后，越往地块中心区域越发开敞，视野也越发开阔。伴随着空间内向性的逐渐加强，整体空间尺度又逐渐变大。从街道尽头的街巷空间到街道内部的中心区域形成一种不对称的"梭形"的街区空间形态（图 5-32）。主要是由于凤鸣街北侧的内部沿街住宅空间，几乎每户都配有很大的前院，住宅退道路距离很大，而且住宅也大多只有一层，局部为两层。南侧的住宅在高度和层数上和北侧住宅差别不大，虽然也大多配有前院，但由于日照等因素的关系尺度不是很大。

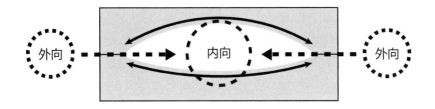

图 5-32　外向空间到内向空间的演化图示

因此，街区空间由外向到内向的演化是通过沿街住宅空间在院落的围合、形制的变化，以及与各种街道空间尺度、形态之间的差异和变化形成的等级之序。这些空间要素结构和形态的不断变化，伴随着空间的演化，一方面促使空间序列的产生，另一方面通过知觉、视觉等空间感受在功能属性、精神文化上产生相呼应的差异感。

公共到私密的过渡

在上文关于院落空间之序的论述中，分析了凤鸣街历史街区中的三种院落空间，它们由公共空间向私密空间的过渡方式是院落空间之序形成的根本原因。然而限定公共与半公共、私密与半私密空间的边界在街区中往往是一种"模糊"的柔性边界：从历史街区整体空间中公共与私密空间的功能以及所对应的形态来看，可以发现其中许多空间并没有明显的空间界限，很难清晰地分辨出它们的起始和结束的位置。它们之间相互包容、接合，包含了多种的空间功能，本身就是一种复合空间。

例如，从物质空间要素上来看，凤鸣街历史街区中的"前院空间"和街道空间的限定，仅仅由一排不到 1.2～1.5m 高的围墙完成。两者无论是在视线、行为活动以及空间上都具有很强的"透明性"，形成了空间的相互渗透（图 5-33）。

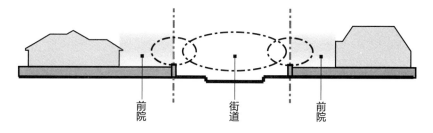

前
院　　　街
　　　道　　　前
　　　　　院

图 5-33　院落空间与街道空间的相互渗透图示

前院空间是一个既不公共也不私密的半公共空间。相对于街道空间而言，前院空间是供每户住宅家庭单独使用，属于私密空间，然而相对于住宅室内的空间来说，前院空间又是一个能够和外界相互交流的公共空间。前院空间的围墙所起到的作用是在空间上一种"模糊"的限定，它和街道空间以及与相邻住宅的前院空间之间没有真正意义上的封闭界限，它的限定意义往往在本质上是一种空间的归属感和传统观念的约定俗成。这一点与中国传统的合院式住宅不

同，合院式住宅是通过封闭的外墙或者倒座将内部私密空间与外界
的公共空间严格的限定开来（图 5-34）。

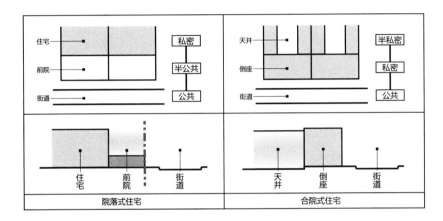

图 5-34　与中国传统合院式
住宅在空间过渡方式上的比
较图示一

　　再如住宅的后院空间，也是一种既不公共也不私密的空间。但是
相对于前院空间来说，是一种偏向私密性的半私密空间。前院空间主
要是家庭室外活动的场所。后院空间则是室内空间的组成部分，属于
室内空间的外向延伸，这一点与合院式住宅中内向性的天井相似。然
而，后院空间是通过四周住宅的围合形成的一种内向性空间，和相邻
住宅的后院空间之间也是靠围墙来界定，也没有真正意义上的封闭界
限。因此，它属于几个家庭之间私密性过渡的空间，而天井是通过正
房、厢房、倒座围合而成，一个家庭内部私密性过渡的空间，这一点
的不同也相对应地产生了两种截然不同的空间之序（图 5-35）。

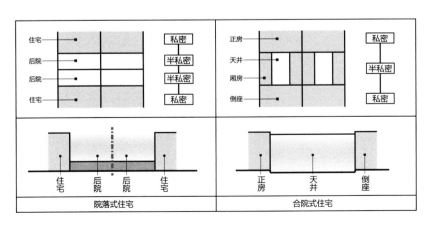

图 5-35　与中国传统合院式
住宅在空间过方式上的比较
图示二

本章以空间序列、空间等级、空间演化三个方面为基础，结合三个层次上空间之序结构对凤鸣街历史街区空间结构进行了解析。序结构空间是在前一章群结构空间共时性、同一性的基础上，以差异性和历时性为前提的更进一步的分析，分析包括了凤鸣街历史街区中三个不同层次空间上的序结构。这三种空间包含的是以历时性为基础的次序关系，通过空间的尺度变化、主次等级、先后次序的差异性形成了凤鸣街历史街区空间之序。

因此，与群结构空间的分析有所不同，群结构空间的分析更偏向于对客观存在的街区空间构成关系的描述，序结构空间的分析则在尊重客观存在的基础上，更注重于人们对不同街区空间的主观感受，这些感受就因各个空间要素的尺度、大小、高低等不同而产生相应的变化。

外向空间到内向空间的演化与公共空间向私密空间的过渡是贯穿本章的核心线索，它们也是空间序列、空间等级、空间演化产生的本质因素。通过对 3 个层次上空间之序结构的分析，发现其中无论是院落空间、街巷空间还是两者的叠加—街区空间，它们在空间变化的差异性基础上，都存在着一定的相似性，即按照一定规律和秩序动态发展的，将这些规律和秩序进行抽象，总结得出的结构原型就是凤鸣街历史街区空间的序结构。

第六章 凤鸣街历史街区的拓扑结构空间

6.1 "拓扑"的定义、特性及主要概念

皮亚杰（Jean Piaget）总结的三种数学结构原型中还提出了"拓扑"结构。拓扑学（Topology）作为近代发展起来的数学的一门分支，主要是研究各种"空间"、"集合"或几何图形在一对一连续变换下保持不变的性质，[1] 也可以被定义为"连续性的数学"（图 6-1）。20 世纪末，拓扑学已经发展成为数学中至关重要的领域。利用拓扑学的相关概念和研究方法可以有助于从本质地揭示凤鸣街历史街区空间各构成要素之间的包含、连续以及相似变换等重要结构的关系。

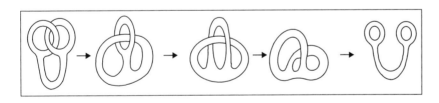

图 6-1 拓扑变换图示

在上文对历史街区群结构空间和序结构空间的分析中，得出了"群"和"序"两种空间结构原型，它们与空间构成要素之间的位置、大小、距离、形状、方向等关系紧密相关。然而，在空间结构中还存在一种"不是以近似与差别为基础，而是来自邻近性、连续性和界限的规律"[2] 的结构，也就是说构成要素在空间结构上相似邻近的对应与变换关系与空间中各构成要素本身的物质度量属性没有直接的联系。这种结构关系是一种拓扑学意义上的一对一相互对应下

[1] 辞海编辑委员会.辞海[M].
上海：上海辞书出版社，1999.
[2] （瑞士）J·皮亚杰.结构
主义[M].倪连生，王琳译.商
务印书馆.1984.

的连续变换，注重的是定性地分析问题而不是定量，即用点、线段、多边形和岛所代表的空间构成要素间的连续、邻接、包含和连通关系。如：点与点的连续、线与面的相交、点与面的包含以及面与面的重叠等（图6-2）。这种关系的原型就是"拓扑"。它以连通性概念为基础，研究的是连通空间与分离空间、不同区域的组分关系、不同类型的连通性、边界的界分等。拓扑，根据拓扑关系与拓扑特性来论述维度问题，而不是依靠度量属性。[1]

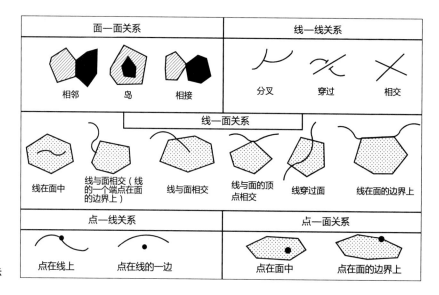

图6-2　拓扑结构关系图示

[1]（德）库尔特·勒温.竺培梁译.拓扑心理学原理 [M]. 杭州：浙江教育出版社，1997.

因此，本章中论述的空间结构的第三种原型——拓扑结构空间，是研究物质空间系统中各要素之间的连续性、邻近性和界限等组织关系。前文关于"群结构空间"和"序结构空间"的分析分别是从共时性和历时性出发，主要重点在于研究凤鸣街历史街区各空间构成要素之间的构成关系和次序关系，而"拓扑结构空间"的分析从拓扑特性入手，是在两者本身抽象原型之上的再抽象，更加注重部分与整体的统一。在群结构和序结构的基础上，通过连通、邻接等关系来揭示凤鸣街历史街区中各空间构成要素与整个街区空间整体之间的结构关系。

拓扑结构主要包含以下几种概念：区域、边界、连通、道路、结点、位移。

（1）区域

指的是一种空间范围，其中所包含的任何空间要素不仅是在物质空间还是在心理空间都占据了一定的空间范围。开区域：对于区域的任何一个要素而言，都占据着某一领域，并且完全属于该区域内；闭区域：若区域包含着既不属于该区域又属于该区域的要素，这些要素的全体即为边界。闭区域就表现为包含边界的内区域（图6-3）。

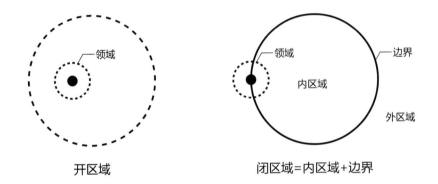

开区域　　　　　　　　　闭区域=内区域+边界　　　　图6-3　开区域和内区域图示

从数学中的区间概念来理解也比较容易：把开区域和闭区域分别理解为开区间和闭区间。开区间（a，b）为直线上介于a和b两点间的所有点的集合（不包含作为边界的a和b两端点）；闭区间[a，b]则为直线上介于a和b两点间的所有点的集合（包含作为边界的a和b两端点）。闭区间是直线上的有界连通的闭集。如果两个区域之间没有任何重叠或交集，则称这两个区域互为域外。

例如，历史街区空间中的宅院空间、院落空间和地块空间都可以看做是一个区域。宅院空间和院落空间是相对封闭的区域，而地块空间则是相对开放的区域。每一户住宅中的宅院空间与另一户的宅院空间可以说互为域外。

（2）边界

边界是拓扑学中十分重要的概念。它指的是平面上一条连续而非自交的环路，又叫做若尔当曲线（Jordan Curve）。若尔当曲线（即边界）将一个平面划分为两个区域，即内区域和外区域，且连接

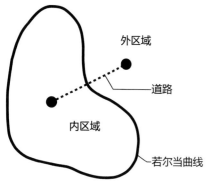

图6-4 边界图示

内外区域之间的每一条道路必然与若尔当曲线相交（图6-4）。这就是若尔当曲线定理，由美国数学家、拓扑学家奥斯瓦尔德·维布伦（Oswald Veblen）在1905年证明得出。

大连凤鸣街历史街区空间中每个区域也都存在着边界。例如，街区中每户住宅的院墙就是划分家庭内外区域的边界，院门就是连通内外区域的道路。

在上文关于群结构和序结构空间的分析中，也提到过边界的概念，比如住宅的外墙、院墙、街道、沿街住宅空间等。边界通常是两个或多个区域（如公共区域与私密区域）之间的过渡性区域，这就意味着边界会同时受到几个区域或者说某个区域的内部和外部的共同影响。

然而，边界也分为完全封闭的"硬性"的边界和半封闭的"柔性"的边界，半封闭的边界正如上文提到的是一种"模糊"的边界，在视觉以及空间的渗透与交流等层面上属于一种开放性的边界。而在可达性以及人们传统思想观念上来说，则是一种封闭性的边界，也足够可以界分两个不同区域。例如，作为宅院空间边界的院子围墙与住宅较封闭的外墙相比，就属于一种界分性较弱的柔性的边界（图6-5）。具有柔性边界的街巷也常常是人们停下来逗留、进行户外活动的适宜场所，相反硬性边界的街巷往往只适宜短暂的出入或片刻的滞留。[1]

[1]（丹麦）扬·盖尔.交往与空间[M].何人可译.北京:中国建筑工业出版社，2002

图6-5 柔性边界图示

（3）连通与"道路"

连通指的是一个区域若不能被分为两个互为域外的组分（即要素），那么就称之为连通。两点之间由若尔当弧即由若尔当曲线的一部分所形成的连通，称之为"道路"。这里所说的道路为拓扑学的抽象概念，并非通常意义上的街道等交通物质要素。可以把它理解为一种路径或通道。正是由于道路的存在，原本孤立封闭的各区域之间才得以相互联系、相互连通，关系更加紧密。同时，通过对序结构空间的分析得知，空间是沿着各种道路的方向产生空间的主次、先后、大小关系，因此道路也是空间演化、空间序列、空间等级形成的基础（图6-6）。

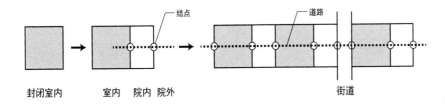

封闭室内　　室内　院内　院外　　　　　　　　街道

图6-6　道路对序结构空间的作用图示

（4）结点和位移

道路与边界的交点、道路与道路的交点以及边界与边界的交点都可以称作结点。位移是从一个区域移动到另一个区域的过程。它表示的是物质要素位置的变化。不同区域之间是通过道路连通起来的，根据若尔当曲线定理，连通内外区域的道路必然与边界相交产生结点。结点是界分、联系内外区域以及多种区域影响作用交汇的地方。上文所分析的链结群空间，从拓扑学的角度而言可以抽象为结点。结点同时也是空间形态变换多样、空间结构易发生改变的地方。

6.2　空间结构的拓扑描述

哥尼斯堡七桥问题（The KÄonigsberg Bridge Problem）作为18世纪著名古典数学问题之一，开启了人们对于图论（数学的一个分支）的思考，图论的研究对象即为一维拓扑学。哥尼斯堡七桥问题也因此成为拓扑学的"先声"。[1]

[1]　参见维基百科"哥尼斯堡七桥问题"

瑞士著名数学家莱昂哈德·欧拉（Leonhard Euler）在 1736
年期间访问哥尼斯堡（今俄罗斯加里宁格勒）时，发现当地人们正
在进行一项游戏活动。在哥尼斯堡城中，有一条河流贯穿其中，河
流上面建有七座桥（图 6-7）。这项游戏就是在每周六的时候，人
们都来尝试一次走过所有的七座桥，每一座桥只允许走一次并且最
终回到原本的起始点（图 6-8）。这个貌似简单却又有趣的游戏得
到了人们广泛的参与，只是人们想尽了很多走法都没有成功，但也
搞不清楚这究竟是为什么。

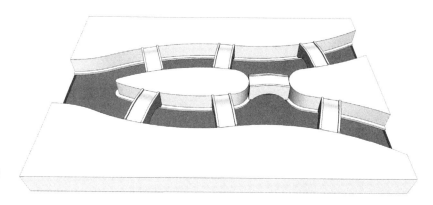

图6-7 哥尼斯堡七桥示意图

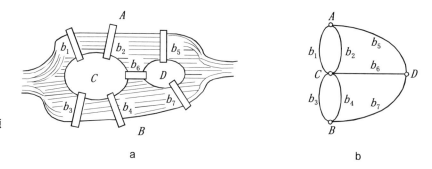

**图6-8 哥尼斯堡七桥问题
图式**

a b

欧拉最终得出了解决这一问题的办法，他把这个实际问题转
变为一个抽象的数学模型从而进行简化：他将 4 个目的地（河的两
岸与两座岛）抽象为四个点，再将七座桥抽象为四个点之间的连线。
因此这个问题就简化成为是否能够只用一笔就将这个图形画出来
（图 6-9）。最后经过进一步的推理得出结论——不存在每座桥都

仅走一遍，最后依然回到原点的方法。因为除了起始点之外，每一次从一座桥走到一块陆地（或点）的同时，也从另一座桥离开了此点。所以每经过一点时要有两座桥（或线），离开起始点的桥与最后回到起始点的桥也计算为两条线，只有每一个点与其他点之间的连线数为偶数才可以"一笔画出"。从图中可以看出连接 A、B、C、D 4 点的线的条数都为奇数，所以，不可能只用一笔就将这个图形画出来。同年，欧拉在他的《哥尼斯堡七座桥》论文报告中，详尽地论述了他巧妙的解题方法，这也从此为之后拓扑学的建立奠定了基础。

从哥尼斯堡问题中我们可以发现，通过将空间中的各个构成要素以及它们之间的结构关系用拓扑性质和拓扑关系进行抽象描述，从而可以清晰而简洁地从本质上揭示出空间中那些关于邻接、连通、包含等结构关系。

（1）等级群空间的拓扑描述

大连凤鸣街历史街区空间也可以用拓扑描述的方法来进行分析。在关于等级群空间的分析中，主要揭示了等级群空间中各要素层层递进、由小到大的构成关系。下面将从拓扑关系和拓扑性质上，根据等级群空间中的各空间构成要素与各个拓扑概念之间所存在的对应关系，将凤鸣街历史街区空间中的构成要素进行抽象，这样将有助于在接下来对空间结构的拓扑描述进行进一步的分析。（表 6-1）

拓扑概念与等级群空间构成要素的对应关系　　表 6-1

等级群空间 拓扑概念	"间"	宅院	院落	地块	街区
边界	住宅外墙	宅院围墙	沿街围墙	沿街住宅	城市道路
结点	房门、窗	院门	院门 + 巷道交叉	角部沿街住宅	角部街巷
内区域	房间	"间" + 院子	院落组合	院落组合	九个地块

等级群空间分为单向和双向等级群空间，接下来就根据表 6.1 所列出的拓扑概念与等级群空间构成要素的对应关系，将两者分别

进行拓扑描述图示。

单向等级群空间中各个层次的拓扑区域是单级的由小到大、层层递进的关系。因此，其拓扑描述图示为一个多个中心相互重合的同心圆，由等级最低的"间"空间逐级向外进行放射，通过道路与下一级的拓扑区域形成连通（图 6-9）。其中，"间"空间与地块空间的边界属于封闭边界，有严格的界分性与区域性；宅院空间与院落空间的边界属于相对开放的半封闭边界，具有模糊性和渗透性，且往往起到区域与区域之间的过渡作用。通过单向等级群空间的拓扑描述图示进行分析，可以从本质上揭示凤鸣街历史街区空间中各个边界、区域、道路以及结点之间有关连通、邻接以及包含等层次清晰的结构关系。

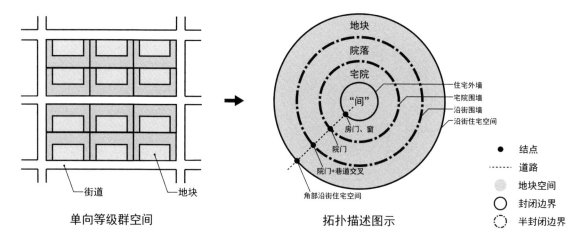

单向等级群空间　　　　　　　拓扑描述图示

图 6-9　单项等级群空间的拓扑描述图示

而双向等级群空间中各个层次的拓扑区域是多级的和跳跃的相套关系。此时的拓扑描述图示转变为多个大小不一的同心圆的非同心组合（图 6-10）。道路的数量明显增多，而且各个空间区域的连通方式也比单向等级群空间要复杂多样，半封闭边界也有明显的增多。

（2）并列群空间的拓扑描述

与等级群空间一样，并列群空间也可以通过与拓扑概念的对应和抽象来进行拓扑描述图示。并列群空间是指沿街住宅空间与街道空间这两个线性空间要素之间的平行并置的构成关系，两者之间的

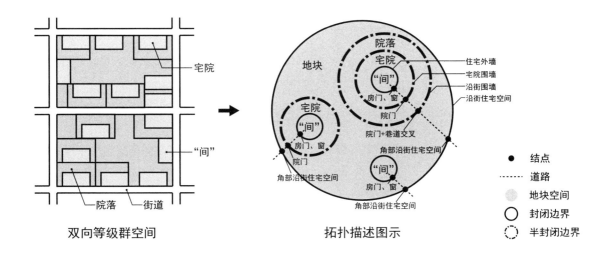

双向等级群空间　　　　　　拓扑描述图示

图 6-10　双向等级群空间拓
扑描述图示

关系是基于某一轴线方向的并列与重复。它的拓扑描述图示即为一
个能够体现各个区域空间构成要素之间并列关系的"饼状图"（图
6-11）。

　　其中，主要分为两个区域——街道空间和沿街住宅空间。沿街
住宅空间再进行细分为角部沿街住宅空间和内部沿街住宅空间。两
者之间有边界而无结点（也可以说无道路），两者的边界根据上文在
链结群空间中分析的角部沿街住宅空间的特点也分为两种边界——
封闭的住宅外墙和半封闭的宅院围墙。街道空间作为"中心"区域，
邻接于两种沿街住宅空间，并且与两种沿街住宅空间通过院门或房

图 6-11　并列群空间拓扑描
述图式

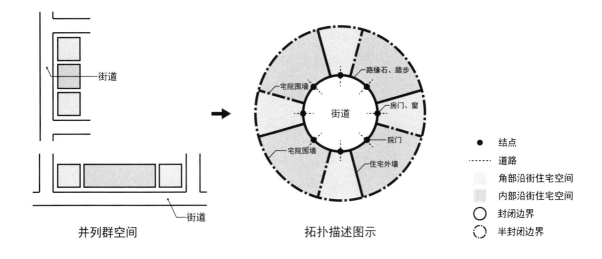

并列群空间　　　　　　　　拓扑描述图示

门、窗等结点形成了一个连通的区域。

6.3 街区空间结构的拓扑同构性

同构是在数学对象之间定义的一类映射，它能揭示出在这些对象的属性或者操作之间存在的关系。若两个数学结构之间存在同构映射，那么这两个结构叫做是同构的。一般来说，如果忽略掉同构的对象的属性或操作的具体定义，单从结构上讲，同构的对象是完全等价的。[1]

假设 M，M′是两个乘集，也就是说 M 和 M′是两个各具有一个闭合的结合法（一般写成乘法）的代数系，σ 是 M 射到 M′的双射，并且任意两个元的乘积的像是这两个元的像的乘积，即对于 M 中任意两个元 a，b，满足 σ（a·b）=σ（a）·σ（b）; 也就是说，当 a→σ（a），b→σ（b）时，a·b→σ（a）·σ（b）；那么这映射 σ 就叫做 M 到 M′上的同构。又称 M 与 M′同构，记作 M～M′。

在数学中研究同构的主要目的是为了把数学理论应用于不同的领域。如果两个结构是同构的，那么其上的对象会有相似的属性和操作，对某个结构成立的命题在另一个结构上也就成立。因此，如果在某个数学领域发现了一个对象结构同构于某个结构，且对于该结构已经证明了很多定理，那么这些定理马上就可以应用到该领域。如果某些数学方法可以用于该结构，那么这些方法也可以用于新领域的结构。这就使得理解和处理该对象结构变得容易，并往往可以让数学家对该领域有更深刻的理解。[2]

例如，画在橡皮膜上的两个相交的圆：当橡皮膜受到变形但不破裂或折叠时，图形改变了，但"有些性质还是保持不变：如曲线的封闭性，两线的相交性等。"具有拓扑性质的图形之间的关系即是拓扑变换关系或拓补关系。经过拓扑变换的图形在结构上相同，两个或几个图形称为拓扑同构（图6-12）。

在这里，拓扑结构空间的分析只关注空间构成要素之间的临接性、连通性和界限的问题，而不考虑各个要素的具体形态特征，这

[1] 参见维基百科-同构。
[2] 参见百度百科-同构。

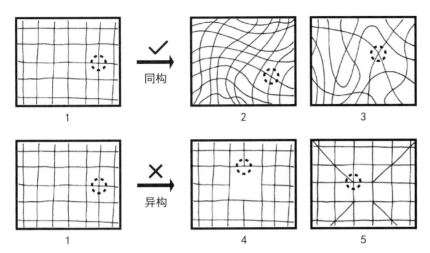

图 6-12　同构与异构的比较图示

也将形态各异的群结构空间和序结构空间之间的关系更为紧密。拓扑同构性作为最为重要的拓扑特性，以同一性和整体性为基础将群、序、拓扑三种空间结构原型有机地统一成一个整体。

　　从整体上来看，凤鸣街历史街区空间中存在着大量具有相似特征的空间结构，即空间构成要素之间的形态在经过某种变换后仍然可以保持着一定的相似性。当然，在对事物形态的认识上会因人的主观意识不同而存在一定差异，但是其空间本质的结构关系是相似的。其本质是因为各个层级的构成要素之间的关系存在着共同点，即结构上存在同构性。因此，同构性是拓扑结构空间的"一对一连续变换下而保持不变的性质"的本质体现。

　　（1）相同层次上的同构

　　通过上文对凤鸣街历史街区群结构空间和序结构空间的分析，我们发现，同一层次上的构成要素之间往往在空间结构上具有一些共同点，这些空间结构上的共同点正是拓扑结构空间同构性的本质体现。

　　以等级群空间的各层次构成要素为例：

　　"间"空间：结构的变换主要是通过住宅进深和面宽在尺寸上的变化。虽然空间的外部形态在形状、大小、方向上有所不同，但是从"间"空间的整体结构关系上来看，都是由屋顶和住宅外墙在高度、宽度、深度上所围合的三维空间上的内向性的连通单元，因此它们是同构的（图6-13）。

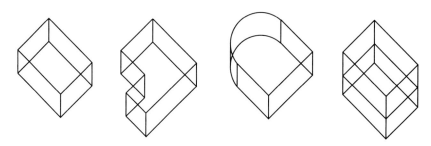

图6-13　"间"空间同构图示

　　宅院空间：虽然主要有四种形式，但是无论是哪种形式，都是围墙和住宅本身的围合关系，只是围合的方式有所不同。因此，按一定位序围合组成空间的结构具有同构性。（图6-14）

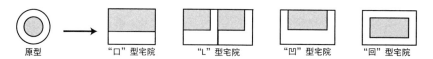

原型　　　　　　　"口"型宅院　　　　"L"型宅院　　　　"凹"型宅院　　　　"回"型宅院

图6-14　宅院空间同构图示

　　院落空间：在宅院的个数以及形式上存在着差异，但是宅院遵循相似的位序沿纵轴向套接和横轴线拼接的关系是相对固定的，其结构也存在着一定的同构。

　　地块空间：地块空间在形态上差异较大，而且结构上也变化较多（存在单向等级群空间和双向等级群空间的影响）。然而，两者仍是由次一级构成要素以数量的累计在平面上的扩展而形成的"块面"空间。因此，地块空间在结构上各自也存在着一定的同构现象。

　　另外，同构现象不光是存在于等级群空间各层次中，在并列群空间和链结群空间的各种构成要素间都有着不同程度的存在。

　　（2）不同层次间的同构

　　凤鸣街历史街区空间在同层次上存在同构性，而且不同层次间的构成要素也存在着同构性。等级群空间各层次的要素在以"群"为原型的结构上存在着一些共同点，各层次要素都是由次一级要素在数量上的增加以围合和拼接的方式通过"加法"所形成的。"间"空间是由若干单元空间拼接后由墙、门窗和屋顶围合而成；宅院空间则是由"间"空间和围墙围合成的虚实两个相邻的空间；院落空间通过几个宅院的拼接、套接成分区明确的宅内空间；地块空间是拼接而成的同时，也是通过街巷围合而成。因此，通过围合和拼接的"加法"构成方式，各层次构成要素出现了同构。

并列群空间中，沿街住宅空间和街道空间的平行并置就是拼接的加法构成，而沿街住宅空间又是通过街道空间的边界在四周的限定而围合出来的。在这一点上，等级群空间和并列群空间在某种意义上也出现了同构。

另一方面，等级群空间各层次构成要素之间在"序"结构上也有一定的相似性。在空间构成的同时，主次、先后、大小的序也产生了。特别是在前三个层次上，序的集中体现——重心空间出现了。因而，序结构也出现了同构现象。

（3）各层次上的同构比较

上文已经论述过等级群空间各层次的同构，但各层次上的同构也存在着差异。具体表现如下：在"间"空间的变换中，群和序的结构一般是不变的，主要是空间形状的收放，是绝对严密的同构，也可以说是相似同构。

在宅院空间的变换中，不但有"间"的变换和"间"的围合方式的变化，而且还有宅院空间本身大小的变化，但是群结构和序结构基本没变，因此，是相对严谨的同构，是一种相似相仿的对应关系，可称作射影同构。

在院落空间的变换中，不但有前两个层次的变换，还有自身的变化，包括宅院个数、空间序列以及形状规模等的变化，但是基本构成方式和位序形制是一致的。变化的因素也增加了，因此空间形态也变得丰富多样了。这种同构关系是物与影的关系，即为按照一定的次序的一一对应的关系，但物与影可以有较大的差别。如，灯光不同时，人的阴影可以发生变大、变小、变宽、变窄的变化，但是头的阴影与脚的阴影之间的上下位置关系是保持不变的，因此可称作射影同构。

在地块空间的变换中，不但有前面所有层次的变换，而且其自身的构成方式发生了较大的变化（单向等级群空间向双向等级群空间的转化），序结构也发生相当的变化而被大大地强化了。因而整个形态的变化较为剧烈，形式也千变万化。但是，只有围合和拼接的"加法"构成方式是不变的。所以各种变换之间只在基本构成方式上存在着一一对应的关系，而位序关系的作用极其微弱，只能称作同型拓扑同构。

从"间"到街坊的构成过程，是相似同构向同型拓扑同构的转化，是各层次自身以同构性为基础的拓扑变换的层层累积。所以从空间形态上和同构的形式上来看是从规整严谨到灵活自由的渐变，这也是等级群空间序结构的总体特征，层次越高，要素变化参数越多，空间形态越有机越自由。这样，以矩形的"间"空间为基础，经过各层次要素的同构变换，最终构成整个凤鸣街历史街区空间整体拓扑结构空间是历史街区空间构成要素连通关系的原型，它是一种基于事物连通性和相似变化性的抽象性质。连通性和相似变化性使得街区空间中不同层次、相同层次、同质、异质的构成要素摆脱了体量、形状、方向、位置等度量和维度关系，从而相互之间形成了更加紧密的联系。面的延伸、量的积累、限定与围合、共同的传统文化以及建造经验，使得历史街区"点"、"线"、"面"三种基本空间要素的群结构和序结构趋于相似相仿的同构关系。同时，各层次上的拓扑同构性也是从严格到自由的相似变换关系。

因此，历史街区空间结构是"群"、"序"、"拓扑"三种结构原型的统一体，是物质与精神、具象与抽象、时间与空间的统一。由于大连凤鸣街历史街区的这三种基本结构原型具有鲜明的独特性，使其整体的空间结构和形态明显地区别于其他近代历史街区。

结语：记忆与传承的选择 |

　　一座城，一本书。城市对于生活在其中的每一个人来说，它的意义与内涵都是不一样的。城市就像一本书，内容跌宕起伏，需要坐下来慢慢品读。而城市中的每一条道路、每一片街坊、每一栋房屋、每一个院落、每一棵树木，甚至每一块砖石就是书中的线索，记载着并传承了城市初兴到繁荣辉煌，把握好线索才能读懂书。对于这本书来说，线索组成一个词语——历史街区。

　　阿尔多·罗西（Aldo Rossi）说"历史的结束就是记忆的开始"[1]。如果用事物的形式与功能做比喻，不管事物外在的形式发生了怎样的改变，只要与它内在的最初功能还有联系，它的历史就会传承下去；反之，如果形式与功能相互背离并且只有形式"存活"了下来，那么传承就会终止，历史便成为记忆。这一点像极了博物馆中的展品，而城市又何尝不是？历史街区会成为城市的展品，留下记忆，还是会适应性更新，浴火重生？当然，历史终将成为记忆，我们所能做的就是尽可能地延长这一过程。在这里，无论是作为记忆的怀念还是传承的基础，凤鸣街历史街区的结构研究都具有意义与价值。

　　凤鸣街历史街区自大连建市以来，至今已经走过了近一百个年头。伴随着这座城市一步步快速的建设发展，其自身似乎也在调节着脚步希望与整个城市的步调保持一致而不被人们所遗忘。然而，随着时间的推移，她也渐渐地离我们越来越远，已经无法满足如今的城市化进程与人们的物质生活需求，或许她的历程走到了尽头。留存下来的外表甚至都不会成为阿尔多·罗西笔下的阿尔罕布拉宫（Alhambra Palace）——仅仅是一个被城市化进程所遗忘的"纪念物"。

[1] 阿尔多·罗西.城市建筑学[M].黄士钧译.刘先觉校.北京：中国建筑工业出版社，2006.

记忆的怀念 ，历史终将成为记忆。但是作为这座城市历史和发展的见证,它给人们留下的深刻记忆永远不会消失。在《伟大的街道》一书中，阿兰·B·雅各布斯（Alan B Jacobs）列举了世界上各种伟大的街道，其中包括至今尚存的伟大的街道、昔日的伟大的街道、居住过的伟大的街道等。通过搜集整理这些街道的物质属性方面的信息——平面、尺寸、城市环境、结构肌理、横剖面等——使人们对各种街巷空间产生"身临其境"的感受，从而了解各种街道空间的独特品质和可能发生的行为，并与人们熟知的街道根据个人主观的感受进行相互的比较与判断。希望本书也能够以凤鸣街历史街区的物质属性作为空间结构解析的基础，通过"群结构空间"、"序结构空间"、"拓扑结构空间"的分析论述编织线索之网，希望可以使人们对凤鸣街历史街区的"历史"得到较为全面的了解、产生亲历亲闻的感受。

传承的基础，内在的基因是历史的延续的根本。本书基于结构主义方法论，对大连凤鸣街历史街区的空间结构进行了较为全面的解析，总结得出三种空间结构原型，探索凤鸣街历史街区长期发展中自身特有的组织规律和秩序。即使凤鸣街历史街区的风貌样式不复存在，在接下来的建设中，如果能够基于街区原本的结构"基因"进行更新，街区将获得新生，而历史也将会延续。

参考文献

1. 普通图书

[1]　大连史志办公室 . 大连史志·房地产志 [M]. 大连: 大连出版社，
　　　1997.

[2]　马国馨 . 丹下健三 [M]. 北京: 中国建筑工业出版社，1989.

[3]　李大厦 . 路易斯·康 [M]. 北京: 中国建筑工业出版社，1993.

[4]　燕国才 . 新编普通心理学概论 [M]. 上海: 东方出版中心，1998.

[5]　（美）鲁道夫·阿恩海姆 . 艺术与视知觉 [M]. 滕守尧译 . 成都:
　　　四川人民出版社 . 1998.

[6]　段进，季松，王海宁 . 城镇空间解析——太湖流域古镇空间结构
　　　与形态 [M]. 北京: 中国建筑工业出版社，2002.

[7]　刘先觉 . 现代建筑理论 [M]. 北京: 中国建筑工业出版社，2008.

[8]　（英）特伦斯·霍克斯 . 结构主义和符号学[M]. 瞿铁鹏译 . 上海:
　　　上海译文出版社，1987.

[9]　徐崇温 . 结构主义与后结构主义 [M]. 沈阳: 辽宁人民出版社，
　　　1986.

[10]　（瑞士）J·皮亚杰 . 结构主义 [M]. 倪连生，王琳译 . 北京: 商
　　　务印书馆，1984.

[11]　（丹麦）扬·盖尔 . 交往与空间 [M]. 何人可译 . 北京: 中国建
　　　筑工业出版社，2002.

[12]　（美）阿兰·B·雅各布斯 . 伟大的街道 [M]. 王又佳，金秋野译 .
　　　北京: 中国建筑工业出版社，2009.

[13] Lynch Kevin. Site Planning[M]. Cambridge. Mass.: MIT Press. 1962.

[14] 辞海编辑委员会 . 辞海 [M]. 上海：上海辞书出版社，1999.

[15] （德）库尔特·勒温 . 拓扑心理学原理 [M]. 竺培梁译 . 杭州：浙江教育出版社，1997.

[16] 汤凤龙 ."匀质"的秩序与"清晰的建造"——密斯·凡·德·罗 [M]. 北京：中国工业建筑出版社，2012.

[17] 肯尼斯·弗兰姆普敦 . 建构文化研究——论 19 世纪和 20 世纪建筑中的建造诗学 [M]. 王俊阳译 . 北京：中国建筑工业出版社，2007.

[18] （意）阿尔多·罗西 . 城市建筑学 [M]. 黄士钧译 . 刘先觉校 . 北京：中国建筑工业出版社，2006.

[19] （美）凯文·林奇 . 城市意象 [M]. 项秉仁译，北京：华夏出版社，2001.

[20] （美）克里斯托弗·亚历山大 . 城市并非树形 [M]. 严小婴译 . 汪坦校 . 北京：中国建筑工业出版社，1986.

[21] （美）克里斯托弗·亚历山大 . 建筑模式语言 [M]. 北京：知识产权出版社，2002.

[22] 阳建强 . 现代城市更新 [M]. 南京：东南大学出版社，1999.

[23] 大连通史编纂委员会 . 大连通史近代卷 [M]. 北京：人民出版社，2010.

[24] 宋增彬 . 大连老建筑 [M]. 北京：新华出版社，2003.

[25] 刘长德 . 大连城市规划100年 [M]. 大连：大连理工大学出版社，2010.

[26] 张复合 . 中国近代建筑研究与保护 [M]. 北京：清华大学出版社，2004.

[27] 陆地 . 建筑的生与死——历史性建筑再利用研究 [M]. 南京：东南大学出版社，2004.

[28] 李伟伟 . 王晋良 . 特色与探求——城市建筑文化论 [M]. 大连：大连理工大学出版社，1999.

[29]　杨秉德 . 中国近代中西建筑文化交融史 [M]. 武汉：湖北教育出版社，2003.

2. 期刊中析出的文献

[1]　黄盛，王伟武 . 基于结构主义的徽州古村落演化与重构研究——以西溪南古村落为例 [J]. 建筑学报，2009.

[2]　李百浩，郭建 . 近代中国日本侵占地城市规划范型的历史研究 [J]. 城市规划会刊，2003.

[3]　李金林 . 中国大连近代城市形态与建筑 [J]. 城建档案，2004.

[4]　姜立婷 . 大连近代殖民地居住建筑 [J]. 沈阳建筑工程学院学报，1999.

[5]　肇新宇，孔令龙 . 传统街区街道空间解析 [J]. 山西建筑，2008.

[6]　陈宇光 . 城市空间要素及其结构 [J]. 华东理工大学学报（社会科学版），2007.

[7]　陆伟，刘涟涟，邓曦 . 大连城市中心烟台街历史街区的更新与保护 [J]. 城市建筑，2012.

[8]　张辉 . 从凤鸣街的拆除看历史街区的保护与发展问题 [J]. 市政建设，2010.

[9]　曾一智 . 凤鸣街：大连最完整的历史街区在消失 [J]. 中国文化报，2011.

[10]　刘光华 . 建筑·环境·人 [J]. 世界建筑，1983.

3. 学位论文

[1]　刘斌 . 历史街区的公共空间的多样化设计 [D]. 华中科技大学，2010.

[2]　谢昭 . 当代邻里关系背景下的北京居住区公共空间研究 [D]. 中央美术学院，2009.

[3]　王静文 . 居住区公共空间社会维度的句法释义 [D]. 清华大学，

2007.

[4] 王涛.论近现代青岛城市街区空间结构及其历史沿革 [D]. 深圳大学，2010.

[5] 赵燕慧.大连近现代历史建筑再利用现状及发展研究 [D]. 大连理工大学，2011.

[6] 沙永杰.大连近代城市住宅的空间构成与形态特征 [D]. 大连理工大学，1996.

[7] 汤小玲.历史街区"体验空间"营造研究 [D]. 湖南大学，2007.

[8] 李莉.大连近现代住宅设计手法研究——以大连南山麓老房子为例 [D]. 大连理工大学，2012.

[9] 杨大洋.北京什刹海金丝套历史街区空间研究 [D]. 北京建筑工程学院，2012.

[10] 董雷.浅论历史街区更新的经验教训 [D]. 天津大学，2006.

[11] 张明欣.经营城市历史街区 [D]. 同济大学，2007.

[12] 顾方哲.美国波士顿贝肯山历史街区保护模式研究 [D]. 山东大学，2013.

[13] 蔡晓丰.城市风貌解析与控制 [D]. 同济大学，2005.